電子情報通信工学シリーズ

# 情報とアルゴリズム

■上野　修一・高橋　篤司　共著

森北出版株式会社

## 電子情報通信工学シリーズ

■編集委員 代表

辻井 重男　東京工業大学名誉教授
　　　　　　中央大学研究開発機構教授
　　　　　　(元) 情報セキュリティ大学院大学学長
　　　　　　工学博士

■編集委員

浅田 邦博　東京大学教授
　　　　　　工学博士
酒井 善則　東京工業大学教授
　　　　　　工学博士
中川 正雄　慶應義塾大学教授
　　　　　　工学博士
村岡 洋一　早稲田大学教授
　　　　　　Ph. D

(五十音順)

■本書を無断で複写複製 (電子化を含む) することは，著作権法上での例外を除き，禁じられています．複写される場合は，そのつど事前に (社) 出版者著作権管理機構 (電話 03-3513-6969, FAX 03-3513-6979, e-mail:info@jcopy.or.jp) の許諾を得てください．

# 「電子情報通信工学シリーズ」
# 序　　文

　人類は今，もう一つの世界を構築しようとしている．もう一つの世界とは，これまでの物理的現実世界に対して人工現実世界あるいはサイバーワールドなどと呼ばれる情報ネットワークの世界である．このような新しい世界が，電子情報通信工学を技術的基盤として国境を超えて築かれようとしている．

　こうした人類史上初めての試みを前に，電子情報通信工学の役割は飛躍的に高まり，この分野の技術者育成に対する期待も一段と大きくなっている．

　一方，学問と技術の進歩は，この分野では特に目ざましいものがあり，その全貌を理解することは容易ではない．学生諸君は，専門家としての道を歩み始めるに当たって，電子情報通信工学の基礎的な考え方と理論を系統立てて身につけなければならない．

　本シリーズは，大学学部や高等専門学校の学生を対象に，この分野を，誰にも分かるように体系的に整理した教科書として編集したものである．電子情報通信分野をデバイス・集積回路，通信，コンピュータ，知識情報処理等の四分野に分け，各々をその道の大家である浅田邦博，酒井善則，中川正雄，村岡洋一の各先生を中心に編集して頂いた．執筆者は，第一線の研究者であると共に，教育の現場にあって，大多数の学生に分からせる工夫も重ねてこられた優れた教育者でもある方々にお願いした．

　学生諸君が将来，新しい時代を拓いていかれるための礎として，本シリーズがお役に立てば幸いである．

1997年1月

辻 井 重 男

# まえがき

　本書は，電子情報通信工学において離散的情報あるいは離散的構造を取り扱う際の基礎となるグラフとアルゴリズムに関する理論の入門書であり，東京工業大学の情報工学科で著者が担当している講義「離散構造とアルゴリズム」の講義録をまとめたものである．

　第1章はグラフ理論の入門である．アルゴリズム的観点から基本的である概念に焦点を絞って説明している．第2章ではアルゴリズムの解析に関する基本的な概念を説明し，例として整列アルゴリズムを取り扱っている．第3章ではグラフの基本的なアルゴリズムを取り扱っている．グラフ理論との関連をできるだけ明示するようにしたが，アルゴリズムの原理の理解を目標としているので，アルゴリズムの高速化やデータ構造に関する工夫について詳しくは触れていない．第4章ではアルゴリズムの設計技法の概略，貪欲アルゴリズムに関する一般論，及び，NP完全の理論の概略を紹介している．全体を通して，離散構造の特徴とアルゴリズムの効率との関連をできるだけ系統的に説明している．

　本書をまとめるに当たり多くの方々のお世話になった．まず，ご指導ご鞭撻を頂く梶谷洋司博士に感謝したい．また，講義の演習を担当し，本書の演習問題と略解の作成に協力して頂いた山田敏規博士，粟田英樹氏，山崎 淳氏，網谷 優氏，野村久美子氏，橋本堅太氏に感謝の意を表したい．特に，野村久美子氏，橋本堅太氏，および受講生の武田二郎氏には原稿を丹念に読んで様々な訂正や指摘を寄せて頂いた．また，橋本堅太氏には時間計算量を比較した表の作成にも協力して頂いた．最後に，原稿作成に協力して頂いた菅野律子氏，並びに遅筆の著者を長期間に渡って励まして頂いた吉松啓視氏をはじめとする森北出版の方々に感謝の意を表する次第である．

2005年2月

著者

# 目　　次

**第1章　グラフ**　　1
　1–1　グラフとその表現　　1
　　（1）　グラフ　　1
　　（2）　基本的な定義　　6
　　（3）　グラフの行列表現　　14
　　（4）　次数と辺数　　17
　1–2　木と森　　18
　　（1）　木　　18
　　（2）　全域木　　23
　　（3）　根付き木と2分木　　25
　1–3　2部グラフとグラフの彩色　　28
　　（1）　2部グラフ　　28
　　（2）　グラフの彩色　　31
　1–4　オイラーグラフとハミルトングラフ　　32
　　（1）　オイラーグラフ　　32
　　（2）　完全グラフと完全2部グラフ　　35
　　（3）　ハミルトングラフと巡回セールスマン問題　　37
　演習問題1　　41

**第2章　アルゴリズムの解析**　　44
　2–1　関数の漸近的評価　　44
　2–2　アルゴリズムの解析　　49
　　（1）　問題　　49

　　　　（2）　アルゴリズムの解析 .................... 54
　　　　（3）　多項式時間アルゴリズム ................. 56
　　　　（4）　グラフの大きさ ..................... 58
　　　　（5）　オイラーグラフ判定問題 ................ 61
　2–3　整列アルゴリズム ......................... 64
　　　　（1）　整列問題 ........................ 64
　　　　（2）　併合問題 ........................ 67
　　　　（3）　併合整列アルゴリズム ................. 69
　演習問題 2 .............................. 73

# 第3章　グラフのアルゴリズム　　　　　　　　　　　　　　　75

　3–1　探索アルゴリズム ......................... 75
　　　　（1）　深さ優先探索アルゴリズム ............... 75
　　　　（2）　幅優先探索アルゴリズム ................ 85
　3–2　最短路アルゴリズム ........................ 92
　　　　（1）　最短路アルゴリズム .................. 92
　　　　（2）　最長路問題 ....................... 97
　3–3　最大全域木アルゴリズム ...................... 99
　　　　（1）　最大全域木アルゴリズム ................ 99
　　　　（2）　合併発見手法 ..................... 103
　　　　（3）　最小全域木アルゴリズム ............... 105
　演習問題 3 ............................. 107

# 第4章　アルゴリズムの設計　　　　　　　　　　　　　　　　108

　4–1　アルゴリズムの設計技法 ..................... 108
　　　　（1）　様々なアルゴリズム ................. 108
　　　　（2）　設計技法 ....................... 110
　4–2　貪欲アルゴリズム ........................ 114
　　　　（1）　独立系とマトロイド ................. 114
　　　　（2）　マトロイドと貪欲アルゴリズム ........... 122

4-3 問題の難しさ ................................................. 129
　　（1）　**NP** と **P** ........................................ 129
　　（2）　多項式時間還元 ........................................ 134
　　（3）　NP 完全 ............................................... 136
　　（4）　充足可能性判定問題 .................................... 137
　　（5）　NP 完全問題 ........................................... 141
4-4 近似アルゴリズム ............................................ 147
　　（1）　NP 困難 ............................................... 147
　　（2）　近似アルゴリズム ...................................... 148
　　（3）　三角巡回セールスマン問題 .............................. 149
　　（4）　独立系と貪欲アルゴリズム .............................. 152
　　（5）　最大巡回セールスマン問題 .............................. 155
　　演習問題 4 .................................................. 158

## 演習問題解答　　160

## 付録　　174
　　1　集合 ...................................................... 174
　　2　写像と関係 ................................................ 175
　　3　論理関数 .................................................. 176
　　4　その他 .................................................... 177

## 参考文献　　178

## 索　引　　179

# 第1章

# グラフ

本章では，電子情報通信工学などでよく用いられるグラフとネットワークという概念とそれらに関する基本的な事柄を紹介する．

## 1–1 グラフとその表現

### （1） グラフ

**グラフ**

グラフ (graph) は，いくつかの点 (vertex) とこれらの点を結ぶいくつかの辺 (edge) から構成され，電子情報通信工学などで，電子回路や通信網といった物理的実体を持つシステムや，ソフトウエアの構造や計算手順といった物理的実体を持たないシステムを表現するためなど，様々な場面で用いられる．電子情報通信工学などの分野で，よりよいシステムを構築するためには，様々な制約を考慮し複雑なシステムを分析することが必要となるが，グラフを用いることで，分析に不要な様々な特徴を取り除きシステムの基本構造を表現することが可能となり，問題の本質に迫ることができる．グラフの点と辺がどのような概念に対応するかは，グラフが何を表現するために用いられるかによって変わるが，多くの場合は直観と一致するであろう．しかしながら，点と辺をどのような概念に対応させるかによって分析が容易になることもあるので，工夫が必要となる場合もある．

グラフ $G$ の点の集合[1]を $V(G)$ とし，辺の集合を $E(G)$ としよう．このと

---

[1] 集合については付録1参照．

き，点 $v$ や辺 $e$ がグラフ $G$ の構成要素であることは，それぞれ $v \in V(G)$，$e \in E(G)$ と表現される．以後，$V(G)$ と $E(G)$ をそれぞれグラフ $G$ の**点集合** (vertex set) と**辺集合** (edge set) と呼び，$|V(G)|$ と $|E(G)|$ をそれぞれグラフ $G$ の点数と辺数と呼ぶ．点数，および辺数がともに有限であるグラフを**有限グラフ** (finite graph) といい，そうでないグラフを**無限グラフ** (infinite graph) という．

辺は点を結ぶと述べたが，いくつの点を結ぶのであろうか．辺は 2 点を結ぶと考えることが一般的であるが，3 点以上を結ぶ辺を考えることもできる．3 点以上を結ぶ辺を**ハイパー辺** (hyper edge) といい，ハイパー辺を含むグラフを**ハイパーグラフ** (hyper graph) という．本書では，ハイパーグラフは対象とせず，2 点を結ぶ辺からのみ成るグラフを対象とする．

2 点 $u$ と $v$ を結ぶ辺 $e$ は，$u$ と $v$ に**接続** (incident) しているという．また，$u$ と $v$ は $e$ の**端点** (end vertex) であるという．辺で結ばれている 2 点は**隣接** (adjacent) しているという．また，端点を共有する 2 辺も隣接しているという．

ある 2 点を結ぶ辺が 2 つあるとき，それらの 2 辺は**並列** (parallel) であるといい，それらの 2 辺を合わせて並列辺という．また，2 端点が同一である辺を**ループ** (loop) という．すなわち，ループは 1 点を結ぶ辺である．並列辺もループも含まないグラフを**単純グラフ** (simple graph) といい，ループや並列辺を含むグラフを**多重グラフ** (multigraph) という．

単純グラフでは，2 点 $u$ と $v$ を結ぶ辺 $e$ は，$e = (u, v)$ のように 2 点の対で示される．ただし，$(v, u) = (u, v)$ であって，対 $(u, v)$ は非順序対 (順序に関係しない対) であるとする．このようなグラフは，辺に方向がないグラフであり，**無向グラフ** (undirected graph) と呼ばれる．なお，対 $(u, v)$ を順序対であるとしたとき，辺には方向があると考えることができるため，**有向グラフ** (directed graph) と呼ばれる．

本書では，主に有限でありかつ単純でありかつ無向であるグラフを対象とするので，以後，有限単純無向グラフを簡単にグラフと呼ぶことにし，多重グラフや有向グラフを考える場合には，その都度明記する．

[例 1–1] 図 1–1 は 6 つのモジュール $M_1, M_2, \ldots, M_6$ と 8 つの信号 $s_1, s_2, \ldots, s_8$ から構成されるシステムの例である．信号 $s_1$ は 4 つのモジュール $M_1, M_2, M_3, M_4$ を接続する信号で，信号 $s_6$ はモジュール $M_4$ の 2 つの端子を接続する信号である．他の信号は 2 つのモジュールを接続する．このシステムをモデル化する方法はいくつか考えられるが，図 1–2 は図 1–1 に示すシステム $S$ をモデル化したグラフの例である．モジュール $M_1, M_2, M_3, M_4, M_5, M_6$ はそれぞれ点 $a, b, c, x, y, z$ に対応する．信号は辺で表現されている．信号 $s_1$ をハイパー辺で表現することもできるが，ここでは 3 つの辺 $e_1, e_2, e_3$ で表現されている．信号 $s_7$ と $s_8$ は $y$ と $z$ を接続する並列である 2 辺で表現することもできるが，このモデル化では辺 $e_8$ で表現されている．信号 $s_6$ はループとして表現することもできるが，このモデル化では省略されている．図 1–2 に示すグラフ $G$ の点数は 6 であり，辺数は 8 である．$G$ の点集合と辺集合はそれぞれ $V(G) = \{a, b, c, x, y, z\}$ と $E(G) = \{e_1, e_2, e_3, e_4, e_5, e_6, e_7, e_8\}$ である．また，$e_1 = (a, b)$, $e_2 = (a, c)$, $e_3 = (a, x)$, $e_4 = (b, c)$, $e_5 = (b, y)$, $e_6 = (c, y)$, $e_7 = (x, y)$, $e_8 = (y, z)$ である．  □

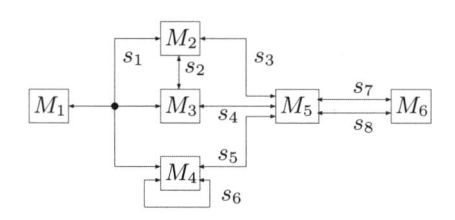

図 1–1　システム $S$

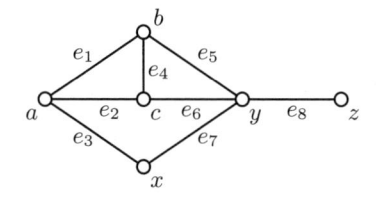

図 1–2　グラフ $G$

グラフ $G$ が与えられたとき，$G$ の点集合 $V(G)$ と辺集合 $E(G)$ は容易に定義できる．それでは，任意に点集合 $V$ と辺集合 $E$ が与えられたとき，それらはグラフを定義するであろうか．答えは否である．$V$ と $E$ がグラフを定義するためには，任意の辺 $e\ (\in E)$ に対して，$e$ の 2 つの端点はともに $V$ に含まれるという条件を満たさなければならない．

[例 1–2]　$e_1 = (u,v)$, $e_2 = (v,x)$ としよう．このとき，$V = \{u,v\}$ と $E = \{e_1, e_2\}$ はグラフを定義しない．$e_1$ の 2 つの端点は $V$ に含まれるため $e_1$ は条件を満足するが，$e_2$ の端点 $x$ が $V$ に含まれず $e_2$ が条件を満足しないためである．　□

あるグラフが与えられたとき，そのグラフに点や辺を付加したり除去する操作をすることで得られるグラフを考えることがある．その場合には，点集合や辺集合を操作に応じて更新すればよいが，点集合と辺集合がグラフを定義するように更新しなければならない．

例えば，辺を除去する操作の場合には辺に接続する点は除去しないが，点を除去する操作の場合には，点集合からその点を取り除くだけでなく，その点を端点とする辺を辺集合からすべて取り除かなければならない．辺を付加する操作の場合には，辺集合にその辺を加えるだけでなく，その端点が点集合に含まれない場合には，点集合にその端点を加えなければならない．

ここで，いくつかの記法を説明する．グラフ $G$ の辺の集合 $S\ (\subseteq E(G))$ に対して，$G$ から $S$ に属すべての辺を除去して得られるグラフを $G - S$ で表す．このとき $G$ から点は除去しない．すなわち，$V(G-S) = V(G)$ であり，$E(G-S) = E(G) \setminus S$ である．また，$V(G)$ を点集合とし $S$ を辺集合とするグラフ，すなわち，$G$ から $S$ 以外の辺をすべて除去して得られるグラフを $G\langle S \rangle$ と記す．さらに，$S$ に属す辺の端点の集合を点集合とし $S$ を辺集合とするグラフ，すなわち，$G\langle S \rangle$ から $S$ に属す辺の端点以外をすべて除去して得られるグラフを $G[S]$ と記す．

一方，グラフ $G$ と辺の集合 $S$ に対して，$S$ に属すべての辺を $G$ に付加して得られるグラフを $G + S$ と記す．このとき，$G$ の点集合に $S$ に属すべて

の辺の端点を加え $G+S$ の点集合とする．また，$E(G+S) = E(G) \cup S$ である．$S$ に属す辺の端点がすべて $V(G)$ に含まれていれば $(G+S) - S$ は $G$ となるが，そうでなければ $(G+S) - S$ は $G$ とはならないことに注意しよう．一方，$S \subseteq E(G)$ であるとき，$(G-S) + S$ は $G$ である．

[**例 1–3**]　$S = \{e_3, e_6\}$ とする．図 1–3(a) に示すグラフ $G$ から辺の集合 $S$ ($\subseteq E(G)$) を除去して得られるグラフ $G - S$ を図 1–3(b) に示す．また，$G\langle S\rangle$ を図 1–3(c) に，$G[S]$ を図 1–3(d) に示す．$\overline{S} = E(G) \setminus S = \{e_1, e_2, e_4, e_5\}$ とすると，$G - S$ は $G\langle \overline{S}\rangle$ とも表現でき，$G\langle S\rangle$ は $G - \overline{S}$ とも表現できる．ここで $(G-S)+S$，$G\langle S\rangle + \overline{S}$，および $G[S] + \overline{S}$ はすべて $G$ となり，$(G\langle S\rangle + \overline{S}) - \overline{S}$ と $(G[S] + \overline{S}) - \overline{S}$ はともに $G\langle S\rangle$ となることに注意して欲しい．　□

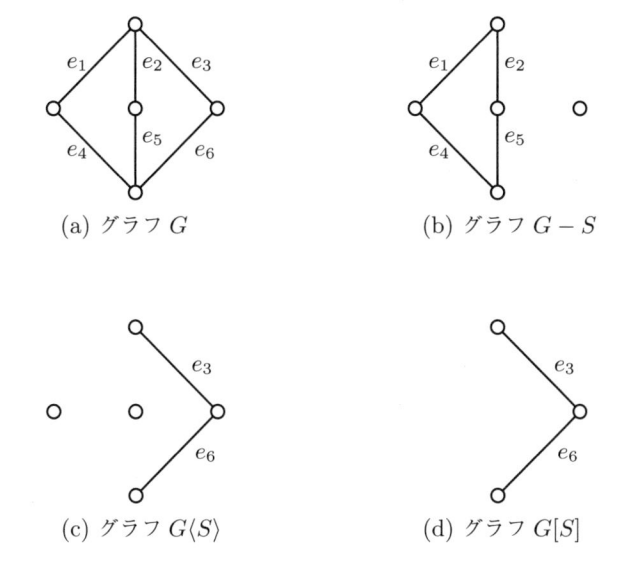

図 1–3　グラフ $G$ と辺の集合 $S = \{e_3, e_6\}$ により定義されるグラフ

**ネットワーク**

　グラフによりシステムの基本構造を表現することができるが，モジュール間を接続する信号の数や，高速道路網におけるインターチェンジ間の距離などの属性をグラフに与えると，様々な解析に便利なことが多い．そのため，点や辺

に実数重みを付けることがある．本書では，各辺に実数の重みが付けられているグラフを扱う．各辺に実数の重みが付けられているグラフを**ネットワーク** (network) という．より厳密には，ネットワーク $N$ は，グラフ $G$ の各辺に実数を対応させる写像[2]) を $w$ としたとき，$G$ と $w$ の対 $(G, w)$ で定義される．すなわち，$N = (G, w)$ である．ここで写像

$$w : E(G) \to \mathcal{R}$$

を**重み関数** (weight function) といい，関数の値 $w(e)$ を辺 $e$ の**重み** (weight) という．ただし，$\mathcal{R}$ は実数の集合を表す．また，ネットワークが表現するシステムのイメージにより合致するように，重みの代わりに**長さ** (length) ということもある．また，$e = (u, v)$ のとき，$w(e)$ は $w((u, v))$ と表すべきであるが，簡単のため，誤解を生じない限り $w(u, v)$ と表すことがある．

［例 1–4］ 図 1–4 は図 1–2 に示すグラフ $G$ の各辺に重みが付けられたネットワークの例である．ネットワーク $(G, w)$ の各辺の側に付されている数字はその辺の重みを表している．すなわち，$w(e_1) = 3$，$w(e_2) = 5$，$w(e_3) = 6$，$w(e_4) = 2$，$w(e_5) = 1$，$w(e_6) = 2$，$w(e_7) = 3$，$w(e_8) = 1$ である．　□

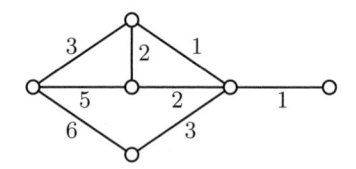

図 **1–4**　ネットワーク $(G, w)$

（2）　基本的な定義

次数

　グラフ $G$ において，点 $v$ に接続している辺の数を $v$ の**次数** (degree) といい，$\deg_G(v)$ で表す．

---

[2]) 写像については付録 2 参照．

[例 1–5] 図 1–5 に示すグラフ $G$ の点 $a$ に接続している辺は 3 つであるから, $a$ の次数は 3, すなわち, $\deg_G(a) = 3$ である. 以下同様に, $\deg_G(b) = 0$, $\deg_G(c) = 1$, $\deg_G(x) = 2$, $\deg_G(y) = 3$, $\deg_G(z) = 3$ である. □

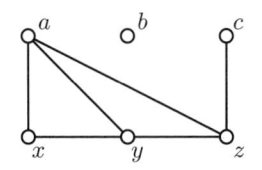

図 1–5 グラフ $G$

## 同型

図 1–6 に示す 2 つのグラフは一見異なるように見えるが,実は同じグラフである.というのは,どちらのグラフも 4 点から成り,任意の異なる 2 点を結ぶ辺が存在するからである.このように,隣接関係が保存されているような点集合の間の 1 対 1 対応が存在するならば,描画の方法や点や辺の名前の付け方が異なるとしても,2 つのグラフは同じものであるとする.このことを厳密に定義すると次のようになる. 2 つのグラフ $G$ と $H$ は, $(u,v) \in E(G)$ のとき,かつそのときに限って $(\phi(u), \phi(v)) \in E(H)$ であるような全単射[3]

$$\phi : V(G) \to V(H)$$

が存在するとき,**同型** (isomorphic) であるという.また, $\phi$ を**同型写像** (isomorphism) という.

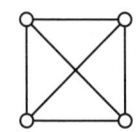

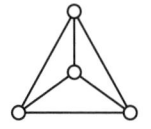

図 1–6 2 つの同型なグラフ

[例題 1–1] 図 1–7 に示すグラフ $G$ と $H$ は同型であることを示せ.

**解**: $V(G)$ から $V(H)$ への写像 $\phi$ を

---

[3] 全単射については付録 2 参照.

$$\phi(a) = i,\ \phi(b) = k,\ \phi(c) = q,\ \phi(x) = j,\ \phi(y) = p,\ \phi(z) = r$$

と定義する．このとき，$\{\phi(v) \mid v \in V(G)\}$ は $V(H)$ と等しい．すなわち，$\phi$ は全射である．また，任意の異なる 2 点 $u$ と $v$ ($\in V(G)$) に対して，$\phi(u) \neq \phi(v)$ である．すなわち，$\phi$ は単射である．したがって，$\phi$ は全単射である．また，辺 $(a, x)$ ($\in E(G)$) に対して $(\phi(a), \phi(x)) = (i, j) \in E(H)$ であることや，$(a, b)$ ($\notin E(G)$) に対して $(\phi(a), \phi(b)) = (i, k) \notin E(H)$ であることなど，すべての点対の隣接関係が $\phi$ によって保存されていることも簡単に確かめられる．したがって，$\phi$ は $V(G)$ から $V(H)$ への同型写像であり，$G$ と $H$ は描画の方法や点の名前の付け方が異なるが，同型であることが分かる． □

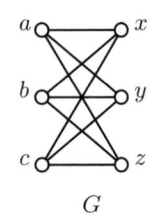

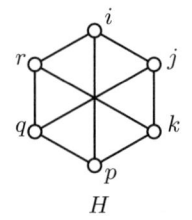

図 1–7 グラフ $G$ と $H$

## 部分グラフ

$G$ と $H$ がグラフで，$V(H) \subseteq V(G)$ かつ $E(H) \subseteq E(G)$ であるとき，$H$ は $G$ の**部分グラフ** (subgraph) であるという．特に，$V(H) = V(G)$ であるとき，$H$ は $G$ の**全域部分グラフ** (spanning subgraph) であるという．

[例 1–6]　図 1–8(b) と (c) に示すグラフ $H_1$ と $H_2$ は，それぞれ同図 (a) に示すグラフ $G$ の部分グラフ (と同型) である．ただし，$H_1$ は $G$ の全域部分グラフ (と同型) であるが，$H_2$ は $G$ の全域部分グラフ (と同型) ではない．また，$H_1$ は $H_2$ の部分グラフ (と同型) ではなく，$H_2$ も $H_1$ の部分グラフ (と同型) ではない． □

グラフ $G$ の点集合 $V(G)$ の任意の部分集合を $V$，辺集合 $E(G)$ の任意の部分集合を $E$ としよう．このとき，$V$ と $E$ によって必ずしも $G$ の部分グラフが定義されるとは限らないことに注意して欲しい．$V$ と $E$ によって $G$ の部分グ

(a) グラフ $G$　　(b) $G$ の全域部分グラフ $H_1$　　(c) $G$ の部分グラフ $H_2$

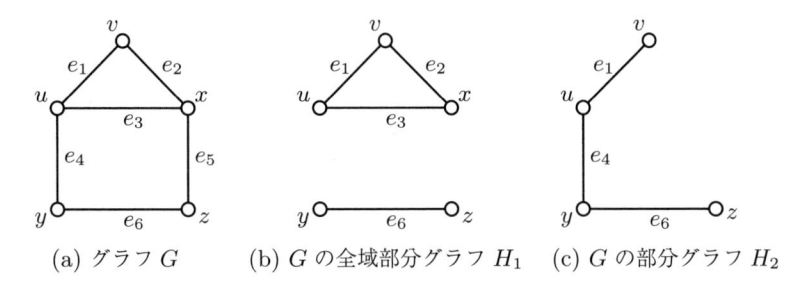

図 **1-8**　グラフとその部分グラフ

ラフが定義されるためには，部分グラフはグラフであるので，$V$ と $E$ によってグラフが定義されなければならない．すなわち，任意の辺 $e$ ($\in E$) に対して，$e = (u, v)$ であるとき，$u \in V$ であり $v \in V$ でなければならない．

## ウォーク，トレイル，路，閉路

グラフ $G$ の点から始まり点で終る点と辺を交互に繰り返す点と辺の系列 $P$ を考えよう．$P$ に含まれる辺の数を $k$ ($\geq 0$) とし，

$$P = (v_0, e_1, v_1, e_2, \ldots, v_{k-1}, e_k, v_k)$$

とする．この系列 $P$ が任意の $i$ ($1 \leq i \leq k$) に対して条件：

- $e_i = (v_{i-1}, v_i)$

を満たしているとき，$P$ は $G$ の点 $v_0$ と $v_k$ を結ぶ**ウォーク** (walk) であるという．$v_0$ を $P$ の**始点** (origin) といい，$v_k$ を $P$ の**終点** (terminus) という．また，$v_0$ と $v_k$ は $P$ の**端点** (end vertex) とも呼ばれる．$P$ に含まれる辺の数，すなわち，$k$ を $P$ の**長さ** (length) という．

ウォーク $P$ は $P$ に含まれる $e_1$ から $e_k$ の辺がすべて異なるとき**トレイル** (trail) であるといい，$v_0$ から $v_k$ の点がすべて異なるとき**路** (path) であるという．路は**パス**と呼ばれることもある．$P$ において，点がすべて異なるならば辺もすべて異なるので，路はトレイルでもある．始点 $v_0$ と終点 $v_k$ を結ぶウォーク，トレイル，路を，それぞれ $(v_0, v_k)$ ウォーク，$(v_0, v_k)$ トレイル，$(v_0, v_k)$ 路という．

また、ウォーク $P$ は $v_0 = v_k$ であるとき**閉ウォーク** (closed walk) であるという。$e_1$ から $e_k$ の辺がすべて異なる閉ウォークは**閉トレイル** (closed trail) であるといい、$v_0$ から $v_{k-1}$ の点がすべて異なる長さ $k$ が 1 以上の閉ウォークは**閉路** (cycle) であるという。閉路は**サイクル**と呼ばれることもある。路とトレイルの関係のように、閉路は閉トレイルでもある。

[**例 1-7**] 図 1-9(a) に示すグラフ $G$ において、$(u, e_1, v, e_2, x, e_3, u, e_1, v)$ は長さ 4 のウォークであるが、トレイルではない。$(u, e_1, v, e_2, x, e_3, u, e_4, y)$ は長さ 4 のトレイルであるが、路ではない。$(v, e_2, x, e_3, u, e_4, y)$ は長さ 3 の路であり、$(u, e_1, v, e_2, x, e_3, u)$ は長さ 3 の閉路である。 □

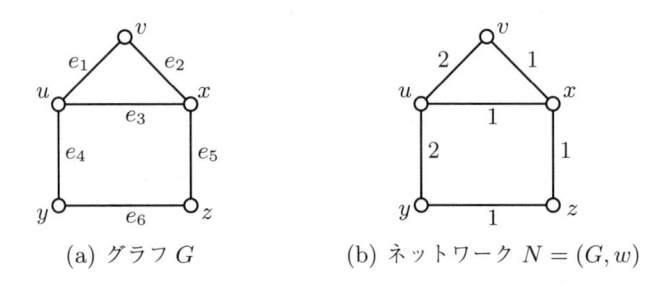

図 1-9 グラフ $G$ とネットワーク $N = (G, w)$

系列 $P$ が辺を含まない場合、$P = (v_0)$ となる。このとき、$P$ は長さ 0 のウォーク、閉ウォーク、トレイル、閉トレイル、路であるが、閉路ではない。ループや並列辺を含まない単純グラフでは、長さが 1 や 2 の閉路は存在しないので、閉路の長さは 3 以上となる。

また、単純グラフでは、系列 $P$ がウォークであるとき、$P$ から辺を取り除いた系列や、$P$ から点を取り除いた系列が与えられたとき、$P$ がウォークであるための条件 $e_i = (v_{i-1}, v_i)$ $(1 \leq i \leq k)$ を用いることで $P$ を復元することができる。記述を簡単にするために、$P$ から辺を取り除いた系列や、$P$ から点を取り除いた系列で、ウォーク、閉ウォーク、トレイル、閉トレイル、路 (パス)、あるいは閉路 (サイクル) を表現することもある。また、$P$ を構成する点と辺から成る部分グラフも $P$ で表す。すなわち、点集合が $\{v_0, v_1, \ldots, v_k\}$ で、辺集

合が $\{e_1, e_2, \ldots, e_k\}$ であるグラフも $P$ で表す．したがって，路や閉路などといったときには，対応する部分グラフを意味することもある．

[**例 1–8**]　図 1–9(a) に示すグラフ $G$ において，$(e_1, e_2, e_3, e_1)$ は長さ 4 のウォークである．$(u, v, x, u, y)$ は長さ 4 のトレイルである．$(v, x, u, y)$ は長さ 3 の路であり，点集合 $\{u, v, x\}$ と辺集合 $\{e_1, e_2, e_3\}$ から成る部分グラフは長さ 3 の閉路 $(u, e_1, v, e_2, x, e_3, u)$ である．　□

ここで，グラフのウォークと路の関係について考えてみよう．

[**定理 1–1**]　グラフ $G$ の 2 点 $u$ と $v$ に対して $(u, v)$ ウォークが存在するならば，$G$ にはその $(u, v)$ ウォークの長さ以下の長さの $(u, v)$ 路が存在する．

**証明**：$P$ を長さが最も短い $(u, v)$ ウォークとしよう．このとき，$P$ が $(u, v)$ 路であることを示せばよい．$P$ が路でないとすると，$P$ にある点もしくはある辺が 2 回以上含まれる．$P$ にある要素 $x$ が 2 回以上含まれるとしよう．$x$ が最初に現れてから最後に現れる直前までの $P$ の部分系列を $P$ から取り除いて得られる系列は $(u, v)$ ウォークである．これは $P$ が長さが最も短い $(u, v)$ ウォークであることに反する．したがって，$P$ には点や辺は 2 回以上含まれず，$P$ は $(u, v)$ 路である．　□

同様に，グラフに $(u, v)$ トレイルが存在するならば $(u, v)$ 路が存在することや，長さ 1 以上の閉ウォークや閉トレイルが存在するならば閉路が存在することが分かる．

**最短路と距離**

グラフ $G$ の 2 点 $u$ と $v$ を結ぶ $(u, v)$ 路について考えてみよう．$(u, v)$ 路は存在しないかもしれないし，複数存在するかもしれない．一般に $G$ の $(u, v)$ 路の中で長さが最小の路を $G$ の**最短** $(u, v)$ **路** (shortest $(u, v)$-path) という．また，$G$ の最短 $(u, v)$ 路の長さを $\mathbf{dis}_G(u, v)$ で表し，$G$ における点 $u$ と $v$ の間の**距離** (distance) と定義する．ただし，$(u, v)$ 路が存在しない場合には，$\mathbf{dis}_G(u, v) = \infty$ と定義する．また，$v = u$ の場合には，長さ 0 の $(u, u)$ 路が

存在するので $\mathrm{dis}_G(u,u) = 0$ となる.

[例 1–9] 図 1–9(a) に示すグラフ $G$ において, $(v, e_1, u, e_4, y)$, $(v, e_1, u, e_3, x, e_5, z, e_6, y)$, $(v, e_2, x, e_3, u, e_4, y)$, および $(v, e_2, x, e_5, z, e_6, y)$ はそれぞれ $(v, y)$ 路であり, 長さはそれぞれ 2, 4, 3, 3 である. これ以外の $G$ の $(v, y)$ 路は存在しない. したがって, $(v, e_1, u, e_4, y)$ は $G$ の最短 $(v, y)$ 路であり, $\mathrm{dis}_G(v, y) = 2$ である. □

グラフでは 2 点 $u$ と $v$ の間の距離を $(u, v)$ 路の長さを用いて定義した. ネットワークにおいても, グラフと同様に距離を定義してもよいが, 辺に与えた重みを用いて定義する. ネットワーク $N\,(=(G, w))$ において, グラフ $G$ の任意のウォーク $P$ の**重み** (weight) を $P$ に含まれる辺の重みの総和とし, $w(P)$ で表す. $P = (v_0, e_1, v_1, e_2, \ldots, v_{k-1}, e_k, v_k)$ であるとき,

$$w(P) = \sum_{i=1}^{k} w(e_i)$$

である. また, $G$ のウォークや路などを, それぞれ $N$ のウォークや路などという. 一般に $N$ の $(u, v)$ 路の中で重みが最小の路を $N$ の最短 $(u, v)$ 路という. また, $N$ の最短 $(u, v)$ 路の重みを $\mathrm{dis}_N(u, v)$ で表し, $N$ における点 $u$ と $v$ の間の距離と定義する. ただし, グラフの場合と同様に $(u, v)$ 路が存在しない場合には, $\mathrm{dis}_N(u, v) = \infty$ とする.

[例 1–10] 図 1–9(b) に示すネットワーク $N\,(=(G, w))$ は, 図 1–9(a) に示すグラフ $G$ の各辺に図に示すように重みを与えたものである. $N$ において, $(v, u, y)$, $(v, u, x, z, y)$, $(v, x, u, y)$, および $(v, x, z, y)$ はそれぞれ $(v, y)$ 路であり, 重みはそれぞれ 4, 5, 4, 3 である. これ以外の $N$ の $(v, y)$ 路は存在しない. したがって, $(v, x, z, y)$ は $N$ の最短 $(v, y)$ 路であり, $\mathrm{dis}_N(v, y) = 3$ である. $G$ の最短路と $N$ の最短路は, 必ずしも一致しないことに注意しよう. □

辺の重みがすべて 1 であるネットワーク $N\,(=(G, w))$ では, 任意の $(u, v)$ 路 $P$ において, $G$ における長さ $|E(P)|$ と, $N$ における重み $w(P)$ は一致す

る．すなわち，2点 $u$ と $v$ の間の $G$ における距離と $N$ における距離は一致する．したがって，ネットワークにおける距離は，グラフにおける距離の概念を一般化したものと考えることができる．グラフの場合には，辺に対応する経路の長さが等しいので，2点間の経路の長さを辺の数で測り，ネットワークの場合には，辺に対応する経路の長さが異なるので，辺に対応する経路の長さを辺に重みとして与え，2点間の経路の長さを辺の重み和として測ることにした，と考えればよい．このように考えると，ネットワークにおける距離の定義においては，辺の重みは辺の長さと呼んだ方がふさわしいともいえるが，グラフにおける距離とネットワークにおける距離を区別するために，本書では，辺の重みと呼ぶこととし，路の $G$ における長さ，$N$ における重みということとする．

### 連結

グラフにおいて，2点間の距離をその2点間の最短路の長さと定義した．また，2点間に路が存在しない場合には，その2点間の距離は無限大と定義した．すべての2点間の距離が有限であるとき，すなわち，任意の2点 $u$ と $v$ に対して $(u,v)$ 路が存在するとき，そのグラフは**連結** (connected) であるという．また，ある2点間に路が存在しないとき，そのグラフは連結ではないという．連結であるグラフを**連結グラフ** (connected graph) といい，連結でないグラフを**非連結グラフ** (disconnected graph) という．

グラフ $G$ において，ある点との距離が有限であるすべての点と，それらの点を接続するすべての辺から成る $G$ の部分グラフを，$G$ の**連結成分** (connected component) という．もう少し厳密に連結成分を定義しよう．$G$ の連結である部分グラフを $H$ とする．このとき，辺集合が $E(H)$ を真部分集合[4]として含む $G$ の連結である部分グラフが存在しないとき，すなわち，$E(H) \subset E(H')$ である $G$ の連結である部分グラフ $H'$ が存在しないとき，$H$ は**極大** (maximal) であるという．$G$ の連結成分とは，$G$ の極大な連結である部分グラフである．すなわち，$H$ が $G$ の連結成分ならば，$H$ に属さない $G$ のどの辺を $H$ に付加しても非連結グラフとなる．また，$H$ が $G$ の連結成分でないならば，$H$ に属さない $G$ のある辺を $H$ に付加したとき，連結グラフを得ることができる．

---

[4] 真部分集合については付録1参照．

[例 1–11] 図 1–10(a) に示すグラフ $G_1$ は連結成分 1 つから成る連結グラフであり，図 1–10(b) に示すグラフ $G_2$ は連結成分 2 つから成る非連結グラフである．$G_1$ は $G_1$ の連結成分である．なぜなら辺集合が $E(G_1)$ を真部分集合として含む $G_1$ の部分グラフは存在しないからである．路 $(y, e_6, z)$ は $G_2$ の連結成分である．なぜなら路 $(y, e_6, z)$ は連結であるが，路 $(y, e_6, z)$ に属さない $G_2$ のどの辺を路 $(y, e_6, z)$ に付加しても連結グラフとならないためである．路 $(u, e_1, v, e_2, x)$ は $G_2$ の連結成分でない．なぜなら，路 $(u, e_1, v, e_2, x)$ に辺 $e_3$ を付加すると，$G$ の連結である部分グラフである閉路 $(u, e_1, v, e_2, x, e_3, u)$ が得られるからである．路 $(u, e_1, v, e_2, x)$ の辺集合は，閉路 $(u, e_1, v, e_2, x, e_3, u)$ の辺集合の真部分集合となっている． □

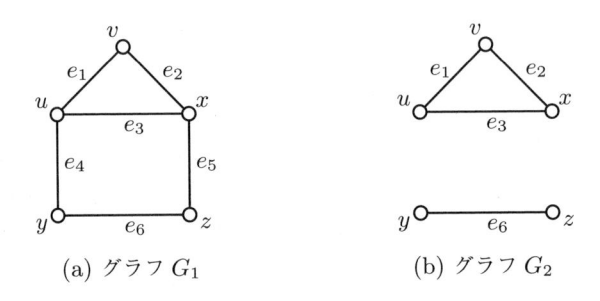

(a) グラフ $G_1$　　(b) グラフ $G_2$

図 **1–10**　連結グラフと連結成分

## （3）　グラフの行列表現

　グラフは計算機の中ではどのように扱われるのであろうか．ここでは，グラフを計算機上に格納するのによく用いられるグラフの行列表現を 2 つ紹介する．これらの行列は，グラフの点の隣接関係を表現したものと，点と辺の接続関係を表現したものである．

　$G$ をグラフとし，

$$V(G) = \{v_1, v_2, \ldots, v_n\}, \quad E(G) = \{e_1, e_2, \ldots, e_m\}$$

とする．

　$(i, j)$ 要素が点 $v_i$ と $v_j$ を結ぶ辺が存在するならば 1，存在しないならば 0 である $n \times n$ 行列 $A(G) = [a_{i,j}]$ を $G$ の**隣接行列** (adjacency matrix) という．

隣接行列は並列辺やループを含む多重グラフにおいてもよく用いられる．多重グラフの場合には，行列の $(i,j)$ 要素を点 $v_i$ と $v_j$ を結ぶ辺の数とすればよい．また，有向グラフの場合には，$(i,j)$ 要素と $(j,i)$ 要素を，それぞれ $i$ から $j$ への有向辺の本数，$j$ から $i$ への有向辺の本数とする．

また，$(i,j)$ 要素が辺 $e_j$ が点 $v_i$ に接続するとき 1，接続しないとき 0 である $n \times m$ 行列 $B(G) = [b_{i,j}]$ を $G$ の**接続行列** (incidence matrix) という．

[**例 1-12**] 図 1-11 に示すグラフ $G$ の隣接行列 $A(G)$ と接続行列 $B(G)$ はそれぞれ次のようになる．

$$A(G) = \begin{array}{c} \\ v_1 \\ v_2 \\ v_3 \\ v_4 \\ v_5 \\ v_6 \end{array} \begin{array}{c} \begin{array}{cccccc} v_1 & v_2 & v_3 & v_4 & v_5 & v_6 \end{array} \\ \left[ \begin{array}{cccccc} 0 & 1 & 1 & 1 & 0 & 0 \\ 1 & 0 & 1 & 0 & 1 & 0 \\ 1 & 1 & 0 & 0 & 1 & 0 \\ 1 & 0 & 0 & 0 & 1 & 0 \\ 0 & 1 & 1 & 1 & 0 & 1 \\ 0 & 0 & 0 & 0 & 1 & 0 \end{array} \right] \end{array}$$

$$B(G) = \begin{array}{c} \\ v_1 \\ v_2 \\ v_3 \\ v_4 \\ v_5 \\ v_6 \end{array} \begin{array}{c} \begin{array}{cccccccc} e_1 & e_2 & e_3 & e_4 & e_5 & e_6 & e_7 & e_8 \end{array} \\ \left[ \begin{array}{cccccccc} 1 & 1 & 1 & 0 & 0 & 0 & 0 & 0 \\ 1 & 0 & 0 & 1 & 1 & 0 & 0 & 0 \\ 0 & 1 & 0 & 1 & 0 & 1 & 0 & 0 \\ 0 & 0 & 1 & 0 & 0 & 0 & 1 & 0 \\ 0 & 0 & 0 & 0 & 1 & 1 & 1 & 1 \\ 0 & 0 & 0 & 0 & 0 & 0 & 0 & 1 \end{array} \right] \end{array}$$

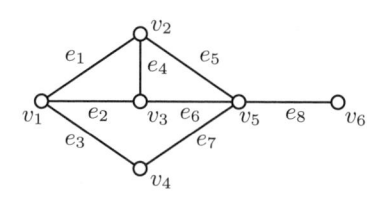

□

**図 1-11** グラフ $G$

グラフ $G$ の点の名前が $v_1, v_2, \ldots, v_n$，辺の名前が $e_1, e_2, \ldots, e_m$ ではない場合にも，点の名前を $v_1, v_2, \ldots, v_n$，辺の名前を $e_1, e_2, \ldots, e_m$ と付け替えた $G$

と同型なグラフの隣接行列や接続行列を，$G$ の隣接行列や接続行列とする．すなわち，グラフ $G$ の隣接行列 $A(G)$ あるいは接続行列 $B(G)$ では，$G$ の点や辺に付けられた名前の情報は失われる．しかし，容易に $G$ と同型なグラフを復元することができるという意味において，$A(G)$ と $B(G)$ は，$G$ と同じ情報を持つといえる．

[例題 1–2]　以下の隣接行列 $A(G)$ を持つグラフ $G$ と，接続行列 $B(H)$ を持つグラフ $H$ を図示せよ．

$$A(G) = \begin{bmatrix} 0 & 1 & 0 & 0 \\ 1 & 0 & 1 & 1 \\ 0 & 1 & 0 & 1 \\ 0 & 1 & 1 & 0 \end{bmatrix}$$

$$B(H) = \begin{bmatrix} 1 & 1 & 1 & 0 & 0 & 0 \\ 1 & 0 & 0 & 1 & 0 & 0 \\ 0 & 1 & 0 & 0 & 1 & 0 \\ 0 & 0 & 1 & 0 & 0 & 1 \\ 0 & 0 & 0 & 1 & 1 & 1 \end{bmatrix}$$

解：それぞれ図 1–12 に示すグラフ $G$ と $H$ に対応している．　□

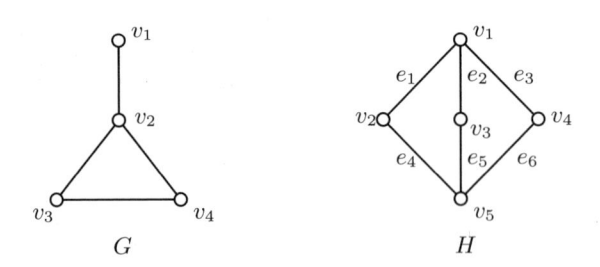

図 1–12　グラフ $G$ と $H$

さて，隣接行列と接続行列のいくつかの性質を確認しておこう．定義から，隣接行列 $A(G)$ は対称行列[5]であり，第 $i$ 行の要素の和と第 $i$ 列の要素の和は共に $\deg_G(v_i)$ に等しい．接続行列に関する性質は次に定理として述べる．

---

[5] すべての $i$, $j$ に対して，$(i, j)$ 要素 $a_{i,j}$ と $(j, i)$ 要素 $a_{j,i}$ が等しい行列を対称行列という．

［定理 1–2］ 接続行列 $B(G)$ の第 $i$ 行の要素の和は $\deg_G(v_i)$ に等しい．また，各列の要素の和は 2 である．

**証明：** この定理の前半は接続行列の定義から明らかであろう．後半は，グラフの各辺は 2 点を結んでいることに由来する． □

ところで，ネットワークも行列で表現することができる．$N (= (G, w))$ をネットワークとし，$V(G) = \{v_1, v_2, \ldots, v_n\}$ であるとする．$(i, j)$ 要素が点 $v_i$ と $v_j$ を結ぶ辺の重みに等しいような $n \times n$ 行列 $W(N) = [w_{i,j}]$ を $N$ の**重み行列** (weight matrix) という．ただし，異なる 2 点 $v_i$ と $v_j$ を結ぶ辺が存在しない場合には，$(i, j)$ 要素は $\infty$ であるものとする．また，任意の対角要素 ($(i, i)$ 要素) は 0 であるものとする．$W(N)$ から，点や辺の名前を除き容易に $N$ を復元することができるという意味で，$W(N)$ は $N$ と同じ情報を持っている．

［例 1–13］ 図 1–13 に示すネットワーク $N$ の重み行列 $W(N)$ は次のようになる．

$$W(N) = \begin{array}{c} \\ v_1 \\ v_2 \\ v_3 \\ v_4 \\ v_5 \\ v_6 \end{array} \begin{array}{c} \begin{array}{cccccc} v_1 & v_2 & v_3 & v_4 & v_5 & v_6 \end{array} \\ \left[ \begin{array}{cccccc} 0 & 3 & 5 & 6 & \infty & \infty \\ 3 & 0 & 2 & \infty & 1 & \infty \\ 5 & 2 & 0 & \infty & 2 & \infty \\ 6 & \infty & \infty & 0 & 3 & \infty \\ \infty & 1 & 2 & 3 & 0 & 1 \\ \infty & \infty & \infty & \infty & 1 & 0 \end{array} \right] \end{array}$$

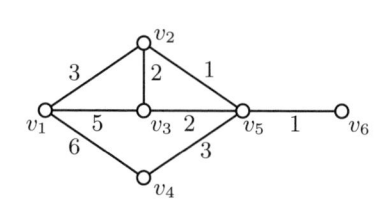

□

図 **1–13** ネットワーク $N$

## （4） 次数と辺数

次の定理はグラフの辺数と点の次数の関係を示している．

[定理 1–3] 任意のグラフ $G$ の次数の総和は辺数の 2 倍に等しい. すなわち,
$$\sum_{v \in V(G)} \deg_G(v) = 2|E(G)|$$
である.

**証明**：定理 1–2 の前半から, $\deg_G(v)$ は接続行列 $B(G)$ の点 $v$ に対応する行の要素の和に等しい. したがって, $\sum_{v \in V(G)} \deg_G(v)$ は $B(G)$ の全要素の和に等しい. 一方, 定理 1–2 の後半から, $B(G)$ の任意の列の要素の和は 2 である. したがって, $2|E(G)|$ も $B(G)$ の全要素の和に等しい. 以上のことから, 定理の等式を得る. □

次数が偶数である点を**偶点** (even vertex) といい, 奇数である点を**奇点** (odd vertex) という.

[例題 1–3] 任意のグラフには奇点が偶数個存在することを示せ.

**解**：$G$ を任意のグラフとし, $V_e$ と $V_o$ をそれぞれ $G$ の偶点と奇点の集合とする. $(V_e, V_o)$ は $V(G)$ の分割[6]である. 定理 1–3 から,
$$\sum_{v \in V_e} \deg_G(v) + \sum_{v \in V_o} \deg_G(v) = 2|E(G)|$$
を得る. この等式の左辺第 1 項は偶点の次数の総和であり偶数である. また, 右辺も偶数である. したがって, 左辺第 2 項も偶数でなければならない. 左辺第 2 項は奇点の次数の総和であり, 奇点が奇数個あるとすると総和は奇数となる. したがって, 奇点の数 $|V_o|$ は偶数であることが分かる. □

## 1–2 木と森

### (1) 木

閉路を含まない連結なグラフを**木** (tree) という. また, 閉路を含まないグラフ, すなわち, 各連結成分が木であるグラフを**森** (forest) という. この名前は自

---
[6] 集合の分割については付録 1 参照.

然界の木や森に由来して付けられているが，システムの解析などに有効な様々な重要な性質を持っており，グラフの中でも最もよく用いられる族の1つである．本節では木と森の基本的な性質を説明する．

[例 1–14] 図 1–14 に示すグラフは，閉路を含まない連結なグラフである．すなわち，木である．同様に，1点から成るグラフには閉路は存在しないので，1点から成るグラフは木である． □

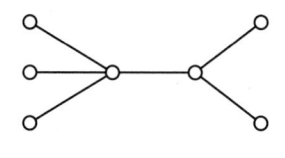

図 1–14 木

次の定理は，木の持つ性質の1つを示している．

[定理 1–4] 木の任意の2点は一意的な路で結ばれている．

証明：背理法で証明する．木 $T$ は連結グラフであるので2点 $u$ と $v$ に対して $(u,v)$ 路が存在する．このとき，2つの異なる $(u,v)$ 路 $P$ と $Q$ が存在するものと仮定する．$P$ と $Q$ は異なるので，$P$ に含まれるが $Q$ に含まれない辺 $(x,y)$ が存在する (図 1–15(a) 参照)．このとき，$T[(E(P) \cup E(Q)) \setminus \{(x,y)\}]$，すなわち，$V(P) \cup V(Q)$ を点集合とし $(E(P) \cup E(Q)) \setminus \{(x,y)\}$ を辺集合とする $T$ の部分グラフを $T'$ とすると，$T'$ は連結である (図 1–15(b) 参照)．したがっ

(a) 異なる $(u,v)$ 路 $P$ と $Q$ (b) グラフ $T'$

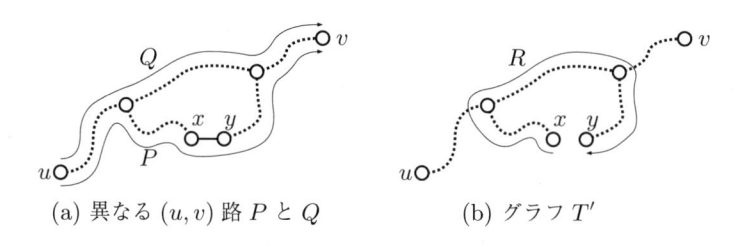

図 1–15 木 $T$ の異なる $(u,v)$ 路 $P$，$Q$ と部分グラフ $T'$

て，$T'$ には $(x,y)$ 路 $R$ が存在し，$R+\{(x,y)\}$ は閉路となる．$R+\{(x,y)\}$ は $T$ の部分グラフであり，$T$ に閉路が存在することになる．これは $T$ が木であることに反する．したがって，2 点 $u$ と $v$ を結ぶ路は一意的である． □

1 点から成る木の点の次数は 0 であるが，それ以外の木，すなわち，2 点以上から成る木には，次数 1 の点が存在する，というのも木の性質の 1 つである．この性質は次の補題の系として示すことができる．

[補題 1–1]　すべての点の次数が 2 以上であるグラフには閉路が存在する．

証明：$G$ をすべての点の次数が 2 以上であるグラフとし，$u$ を $G$ の任意の点とする．$u$ を始点とする任意の極大な路を $P$ とする．すなわち，$P$ に含まれないどのような辺を $P$ に付加しても，$u$ を始点とする路にはならないものとする．$V(G)$ は有限集合であるから，$P$ は必ず存在する．$P$ の終点を $v$ とすると，$v$ の次数は 2 以上であるから，$P$ に含まれない辺 $(v,x)$ が存在する．$P$ は $u$ を始点とする極大な路であるから，点 $x$ は $P$ に含まれる（図 1–16 参照）．そこで $x$ と $v$ を結ぶ $P$ の部分路を $Q$ とする．このとき，$Q+\{(v,x)\}$ は閉路であり，グラフに閉路が存在することが示された． □

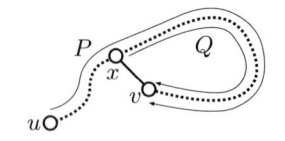

図 1–16　グラフ $G$ の極大な路 $P$ と閉路 $Q+\{(v,x)\}$

この補題の対偶は，グラフに閉路が存在しないならば，すべての点の次数が 2 以上とはならない，すなわち，次数が 1 以下の点が存在する，となる．木には閉路が存在しないので，次数が 1 以下の点が存在することが分かる．このことから，ただちに次の系を得る．

[系 1–1]　2 点以上から成る木には，次数が 1 である点が存在する．

証明：補題 1–1 より木には次数が 1 以下の点が存在する．2 点以上から成る木に次数が 0 の点が存在するとすると，木が連結であるという定義に反する．し

たがって，2点以上から成る木の点の次数はすべて1以上である．したがって，2点以上から成る木には次数1の点が存在する． □

[例題 1–4] 2点以上から成る木には，次数が1である点が2つ以上存在することを示せ．

解：$T$ を 2 点以上から成る木とする．系 1–1 から $T$ には次数が 1 である点 $u$ が存在する．$u$ を始点とする任意の極大な路を $P$ とし，$P$ の終点を $v$ とする．$v$ の次数が 2 以上ならば，補題 1–1 の証明と同じ理由で $T$ が閉路を含むことになり，$T$ が木であることに反する．したがって，$v$ の次数も 1 であり，$T$ には次数が 1 である点が 2 つ以上存在することが分かる． □

さて，これで木の点数と辺数を関係付ける重要な性質を証明する準備ができた．次の定理は，木から次数が 1 である点とその点に接続する辺を除去すると，木が得られることを利用している．

[定理 1–5] 任意の木 $T$ の辺数は点数より 1 だけ小さい．すなわち，
$$|E(T)| = |V(T)| - 1$$
である．

証明：$|V(T)|$ に関する数学的帰納法で証明する．1 点のみから成る木には辺が存在しないので，$|V(T)| = 1$ のときには定理が成立することが分かる．
　$T$ を $|V(T)| = n\ (\geq 2)$ である任意の木とし，点数が $n$ 未満の木に対しては定理が成立しているものと仮定する．系 1–1 から $T$ には次数が 1 である点 $v$ が存在する．$T$ から点 $v$ と $v$ に接続する辺を除去して得られるグラフを $T'$ とする．このとき，$T'$ は明らかに閉路を含まず連結であるので木である．また，$|V(T')| = n - 1$ であるので，帰納法の仮定から，
$$|E(T')| = |V(T')| - 1$$
である．さらに，
$$|V(T')| = |V(T)| - 1,\quad |E(T')| = |E(T)| - 1$$

であるので,
$$|E(T)| = |V(T)| - 1$$
を得る. □

森は木を連結成分とするグラフであるから,木の点数と辺数の関係を利用すると次の定理が得られる.

[定理 1-6]　森 $F$ の連結成分の数は $|V(F)| - |E(F)|$ である.

証明：森の連結成分は木である. $F$ が $k$ 個の木 $T_1, T_2, \ldots, T_k$ から成るものとする. 定理 1-5 から任意の $i$ $(1 \leq i \leq k)$ に対して,
$$|E(T_i)| = |V(T_i)| - 1$$
である. また,簡単に分かるように,
$$|V(F)| = \sum_{i=1}^{k} |V(T_i)|, \quad |E(F)| = \sum_{i=1}^{k} |E(T_i)|$$
である. そこで,
$$|E(F)| = \sum_{i=1}^{k} |E(T_i)| = \sum_{i=1}^{k} (|V(T_i)| - 1)$$
$$= \sum_{i=1}^{k} |V(T_i)| - \sum_{i=1}^{k} 1 = |V(F)| - k$$
であるから, $k = |V(F)| - |E(F)|$ を得る. □

[例題 1-5]　グラフ $G$ が閉路を含まず, $|E(G)| = |V(G)| - 1$ であるならば, $G$ は木であることを示せ.

解：$G$ は閉路を含まないので森である. しかも, $|V(G)| - |E(G)| = 1$ であるので, 定理 1-6 から連結成分の数は 1 である. したがって, $G$ は連結でもあるので木である. □

## (2) 全域木

グラフ $G$ の全域部分グラフは，点集合が $G$ の点集合と一致する部分グラフであった．木である $G$ の全域部分グラフを $G$ の**全域木** (spanning tree) という．全域部分グラフは必ずしも連結であるとは限らないが，全域木はグラフが連結であるという性質を保つ極小な部分グラフである．

[**例 1–15**] 図 1-17(b) に示す木 $T$ は，図 1-17(a) に示すグラフ $G$ の全域木 (と同型) である． □

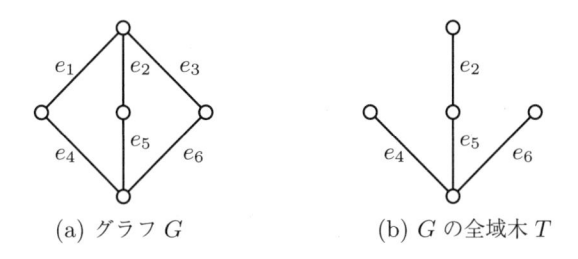

(a) グラフ $G$            (b) $G$ の全域木 $T$

図 **1–17** グラフ $G$ とその全域木 $T$

非連結グラフには全域木は存在しないが，連結グラフには必ず全域木が存在する．

[**定理 1–7**] グラフ $G$ が連結であるための必要十分条件は，$G$ に全域木が存在することである．

**証明**：$G$ に全域木 $T$ が存在すると仮定する．$T$ は連結であり，$V(G) = V(T)$ であるから，$G$ の任意の 2 点間に路が存在する．すなわち，$G$ も連結である．

逆に，$G$ が連結であると仮定する．このとき，$G$ の極小である連結な全域部分グラフ $H$ を考える．すなわち，$H$ は $G$ の連結な全域部分グラフであるが，任意の辺 $e\ (\in E(H))$ に対して $H - \{e\}$ はもはや連結ではないとする．このとき，$H$ が閉路 $C$ を含むとしよう．$C$ に含まれる任意の辺を $(x, y)$ とすると，$H - \{(x, y)\}$ は連結ではないので $H - \{(x, y)\}$ においてある 2 点を結ぶ路が存在しない．そこで，$H - \{(x, y)\}$ において点 $u$ と $v$ を結ぶ路が存在しないとす

る．このとき，$H$ は連結であるので $H$ において $(u,v)$ 路は存在し，その路は辺 $(x,y)$ を含む．したがって，$H-\{(x,y)\}$ において $(u,x)$ 路 $P_0$，および $(y,v)$ 路 $P_1$ が存在する（図 1–18 参照）．また，$C-\{(x,y)\}$ は $H-\{(x,y)\}$ において $(x,y)$ 路である．しかし，これらの 3 つの路 $P_0$，$P_1$，および $C-\{(x,y)\}$ から $H-\{(x,y)\}$ において $(u,v)$ ウォークが得られるので，11 ページの定理 1–1 より $H-\{(x,y)\}$ において $(u,v)$ 路が存在することになる．しかし，これは $H-\{(x,y)\}$ において $(u,v)$ 路が存在しないという仮定に反する．したがって，$H$ は閉路を含まず，$H$ は $G$ の全域木であることが分かる． □

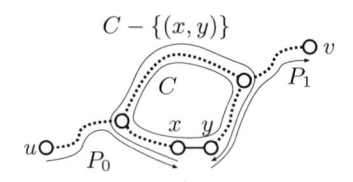

図 1–18　閉路 $C$，$(u,x)$ 路 $P_0$，および $(y,v)$ 路 $P_1$

木における点数と辺数の関係を示す定理 1–5 と，連結グラフには全域木が存在することを示す定理 1–7 から，連結グラフにおける点数と辺数の関係を示す次の系が得られる．

[系 1–2]　$n$ 点から成る連結グラフには，少なくとも $n-1$ 本の辺が存在する．

**証明**：$n$ 点から成る連結グラフを $G$ とする．定理 1–7 から $G$ には全域木 $T$ が存在する．$T$ の点数は $n$ であり，定理 1–5 から $T$ の辺数は $n-1$ である．$G$ の辺数は $T$ の辺数以上，すなわち，$n-1$ 以上である． □

[例題 1–6]　グラフ $G$ が連結で，$|E(G)|=|V(G)|-1$ であるならば，$G$ は木であることを示せ．

**解**：$G$ は連結であるので，定理 1–7 から $G$ には全域木 $T$ が存在する．定理 1–5 から $T$ の辺数は $|V(G)|-1$ であり，$G$ の辺数と一致する．$T$ は $G$ の部分グラフであるため，$T$ は $G$ 自身であることが分かる．すなわち，$G$ は木である． □

19ページの定理 1-4 で示したように，木の任意の 2 点の間には一意的な路が存在するが，グラフの全域木とその全域木に含まれない辺によって，閉路を一意的に定めることができる．

[定理 1-8] $T$ をグラフ $G$ の全域木とする．このとき，任意の辺 $e\ (\in E(G) \setminus E(T))$ に対して，$T + \{e\}$ は一意的な閉路を含む．

証明：$e = (u, v)$ とする．$T$ は $G$ の全域木であるから，$u, v \in V(T)$ である．定理 1-4 から $T$ には一意的な $(u, v)$ 路 $P$ が存在する（図 1-19 参照）．このとき，$P + \{e\}$ は閉路であり，$T + \{e\}$ における $e$ を含む閉路としては一意的であることが分かる．また，$T$ には閉路は存在しないので，$T + \{e\}$ の閉路は $e$ を含む．したがって閉路 $P + \{e\}$ は $T + \{e\}$ における一意的な閉路である．□

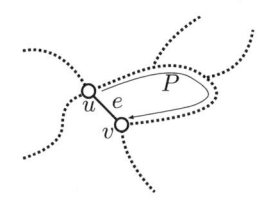

図 1-19　全域木 $T$（破線）と辺 $e = (u, v)$

[例 1-16]　図 1-17 に示すグラフ $G$ とその全域木 $T$ に対して，$T + \{e_1\}$ は辺集合が $\{e_1, e_2, e_4, e_5\}$ である一意的な閉路を含んでいる．　　　□


(3)　根付き木と 2 分木

自然界の木には根や葉が存在するが，グラフの木においても根や葉を定義することがある．木のある 1 点を**根** (root) と指定した木を**根付き木** (rooted tree) という．

根付き木 $T$ では，根 $r$ 以外の次数が 1 である点を**葉** (leaf) といい，葉でない点を**内点** (internal vertex) という．ただし，1 点から成る根付き木の場合には根が葉でもあると定義する．$T$ における根と葉の距離の最大値を $T$ の**高さ**

(height) といい，$h(T)$ で表す．根付き木では，単性生殖する生物の家系図に見立てて，ある点に隣接する根側の点を**親** (parent) といい，葉側の点を**子** (child) という．より正確には，2 点 $u$ と $v$ が隣接していて，$\mathbf{dis}_T(r,u) = \mathbf{dis}_T(r,v) - 1$ であるとき，$u$ は $v$ の親であるといい，$v$ は $u$ の子であるという．また，点 $v$ と $v$ の葉側のすべての点とすべての辺から成る $T$ の部分木を，$v$ を根とする $T$ の部分木という．根付き木の任意の点を根とする部分木は，その点を根とする根付き木となる．

各点が高々 2 つの子を持つ根付き木を **2 分木** (binary tree) という．2 分木は，問題を 2 つの部分問題に分割することを繰り返すアルゴリズムや，2 者が対戦し一方が勝ち上がることを繰り返し優勝を決定するトーナメントを表現するときなどによく用いられる．2 分木では，根の次数は高々 2 であり，その他の点の次数は高々 3 である．2 分木の任意の点を根とする部分木は，その点を根とする 2 分木となる．

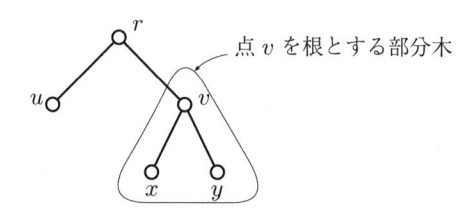

図 1–20　点 $r$ を根とする 2 分木 $T$

[例 1–17]　自然界の木では，一般に，根は下に葉は上にあるが，根付き木は根を上に葉を下に描かれることが多い．図 1–20 に示す木 $T$ は点 $r$ を根とする 2 分木である．点 $u, x, y$ が葉であり，$h(T) = 2$ である．点 $v$ は $x$ と $y$ の親であり，$r$ の子である．各点は高々 2 つの子を持っている．$v$ を根とする部分木は，点 $v, x, y$ と辺 $(v, x), (v, y)$ から成る 2 分木である．　　　□

2 者が対戦し一方が勝ち上がることを繰り返し優勝を決定するトーナメントで，すべての参加者が高々 $k$ 回勝ち上がると優勝できるためには，そのトーナメントに参加できる参加者の数はいったいどのくらいになるであろうか．トーナメントを 2 分木で表現したとき，勝ち上がりの回数の最大値が 2 分木の高さに，

参加者の数が2分木の葉の数に対応する．

[定理 1-9]　高さ $k$ の2分木には高々 $2^k$ 個の葉が存在する．

証明：2分木 $T$ の高さ $h(T)$ に関する数学的帰納法で証明する．簡単に確かめられるように，高さが0である2分木には1つの点が存在する．このとき，根は葉でもあり，1つの葉が存在するため定理は成立する．そこで，$T$ を点 $r$ を根とする $h(T) = k \ (\geq 1)$ である任意の2分木とし，高さが $k$ 未満の任意の2分木に対しては定理が成立すると仮定する．$r$ の次数は1または2であるのでそれぞれの場合について考える．

まず，$r$ の次数が1である場合について考える．$r$ の子を $r_1$ とし，$r_1$ を根とする $T$ の部分木，すなわち，$T[E(T) \setminus \{(r, r_1)\}]$ を $T_1$ とする (図 1-21(a) 参照)．$h(T_1) = k - 1$ であるので，帰納法の仮定から，$T_1$ の葉の数は高々 $2^{k-1}$ である．$T$ の葉の数は $T_1$ の葉の数と同じであるから，$T$ の葉の数も高々 $2^{k-1}$ であり，葉の数は高々 $2^k$ であるという定理が成立する．

次に，$r$ の次数が2である場合について考える．$r$ の子を $r_1$ と $r_2$ とする．$r$ の次数が1である場合と同様に，$r_1$ を根とする $T$ の部分木と $r_2$ を根とする $T$ の部分木をそれぞれ $T_1$ と $T_2$ とする (図 1-21(b) 参照)．$h(T_1) \leq k - 1$ であり $h(T_2) \leq k - 1$ であるので，帰納法の仮定から，$T_1$ と $T_2$ の葉の数はそれぞれ高々 $2^{k-1}$ である．$T$ の葉の数は，$T_1$ の葉の数と $T_2$ の葉の数の和であるから，$T$ の葉の数は高々 $2^k$ であることが分かる．

以上のように，いずれの場合も $T$ に対して定理が成立することが分かる．□

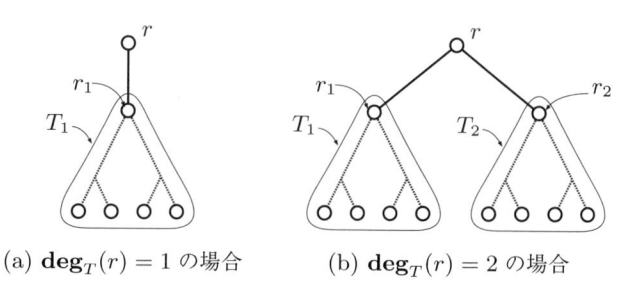

(a) $\deg_T(r) = 1$ の場合　　(b) $\deg_T(r) = 2$ の場合

図 1-21　2分木 $T$

[例題 1–7] 高さ $k$ の 2 分木の点数は高々 $2^{k+1} - 1$ であることを示せ.

**解**：2 分木 $T$ の高さ $h(T)$ に関する数学的帰納法で証明する．簡単に確かめられるように，高さが 0 である 2 分木には 1 つの点が存在するので命題は成立する．$T$ を点 $r$ を根とする $h(T) = k \, (\geq 1)$ である任意の 2 分木とし，高さが $k$ 未満の任意の 2 分木に対しては命題が成立すると仮定する．

まず，$r$ の次数が 1 である場合について考える．$r$ の子を $r_1$ とする．$r_1$ を根とする $T$ の部分木を $T_1$ とする．$h(T_1) = k - 1$ であるので，帰納法の仮定から，$T_1$ の点数は高々 $2^k - 1$ である．$T$ の点数は $T_1$ の点の数より 1 だけ大きいので，$T$ の点数は高々 $2^k$ であり，高々 $2^{k+1} - 1$ である．

次に，$r$ の次数が 2 である場合について考える．$r$ の子を $r_1$ と $r_2$ とする．$r_1$ を根とする $T$ の部分木と $r_2$ を根とする $T$ の部分木をそれぞれ $T_1$ と $T_2$ とする．$h(T_1) \leq k - 1$ であり $h(T_2) \leq k - 1$ であるので，帰納法の仮定から，$T_1$ と $T_2$ の点数はそれぞれ高々 $2^k - 1$ である．$T$ の点数は，$T_1$ の点数と $T_2$ の点数の和より 1 だけ大きいので，$T$ の点数は高々 $2^{k+1} - 1$ であることが分かる．

以上のように，いずれの場合も $T$ に対して命題が成立することが分かる．□

## 1–3　2 部グラフとグラフの彩色

### （1）　2 部グラフ

木や森は閉路を含まないという性質を持つグラフの族であったが，その他にも様々な性質に着目することでグラフの族が定義できる．ここでは，任意の 2 点が隣接していないという性質を持つ点の集合に着目する．

グラフ $G$ の点集合 $V(G)$ の部分集合 $S \, (\subseteq V(G))$ は，$S$ の任意の 2 点が隣接していないとき，$G$ の**独立点集合** (independent vertex set) であるという．グラフ $G$ は $V(G)$ が 2 つの $G$ の独立点集合 $X$ と $Y$ に分割できるとき，**2 部グラフ** (bipartite graph) であるという．また，$(X, Y)$ を $G$ の **2 分割** (bipartition) という．

[例 1–18] 図 1–22 に示す2つのグラフはともに2部グラフである．点の色(白と黒)で2分割を表している．どの2つの白い点も隣接していないこと，およびどの2つの黒い点も隣接していないことを確かめよ． □

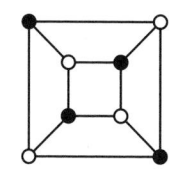

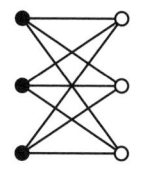

図 **1–22** 2つの2部グラフ

ここでは点集合が2つの独立点集合に分割できるグラフを2部グラフであると定義したが，別の定義も可能である．以下では，閉路による2部グラフの特徴付けを紹介する．長さが奇数である閉路を**奇閉路** (odd cycle) といい，偶数である閉路を**偶閉路** (even cycle) という．次の定理は2部グラフを特徴付ける．

[定理 1–10] グラフ $G$ が2部グラフであるための必要十分条件は，$G$ が奇閉路を含まないことである．

証明：$G$ は2部グラフであり，$(X, Y)$ がその2分割であるものとする．$G$ の任意の閉路を $C$ とし，

$$C = (v_0, e_1, v_1, e_2, \ldots, v_{k-1}, e_k, v_0)$$

であるとする．また，一般性を失うことなく，$v_0 \in X$ と仮定する．このとき，$e_1 = (v_0, v_1)$ であり $v_0$ と $v_1$ は隣接する．したがって，$v_1 \in X$ であるとすると，$X$ が $G$ の独立点集合であることに反するので，$v_1 \in Y$ である．一般に，非負整数 $i$ に対して $v_{2i} \in X$ であり $v_{2i+1} \in Y$ であることが分かる．また，$v_0 \in X$ であり $e_k = (v_{k-1}, v_0)$ であるから，$v_{k-1} \in Y$ である．したがって，ある非負整数 $j$ に対して，$k - 1 = 2j + 1$ であるから，$k$ は偶数であることが分かる．すなわち，$C$ の長さは偶数となる．

逆に，$G$ は奇閉路を含まないと仮定する．$G$ の各連結成分が2部グラフであることを示せば十分であるから，$G$ は連結であると仮定する．$V(G)$ から任意に点 $u$ を選び，$u$ からの距離により次のように点の集合 $X$ と $Y$ を定義する：

$$X = \{v \in V(G) \mid \mathbf{dis}_G(u,v) \text{ が偶数 }\},$$
$$Y = \{v \in V(G) \mid \mathbf{dis}_G(u,v) \text{ が奇数 }\}.$$

$G$ は連結であるので $(X,Y)$ は $V(G)$ の分割である．以下では，$X$ と $Y$ はそれぞれ $G$ の独立点集合であることを示す．$X$ の任意の異なる 2 点を $a$ と $b$ とする．また，最短 $(u,a)$ 路を $P$ とし，最短 $(u,b)$ 路を $Q$ とする．$P$ と $Q$ に共通する最後の点を $u_1$ とする（図 1–23 参照）．$P$ の $u$ と $u_1$ を結ぶ部分路を $P_0$ とし，$u_1$ と $a$ を結ぶ部分路を $P_1$ とする．同様に $Q$ の $u$ と $u_1$ を結ぶ部分路を $Q_0$ とし，$u_1$ と $b$ を結ぶ部分路を $Q_1$ とする．

$P_0$ が最短 $(u,u_1)$ 路でないと仮定すると，最短 $(u,u_1)$ 路と $P_1$ により，$P$ よりも短い $(u,a)$ ウォークが得られる．しかし，11 ページの定理 1–1 より $P$ よりも短い $(u,a)$ 路が存在することになり，$P$ が最短 $(u,a)$ 路であるという仮定に反する．したがって，$P_0$ は最短 $(u,u_1)$ 路である．同様に，$Q_0$ は最短 $(u,u_1)$ 路であることが分かる．したがって，$P_0$ の長さと $Q_0$ の長さは等しく，$P$ と $Q$ の長さは共に偶数なので，$P_1$ の長さの偶奇と $Q_1$ の長さの偶奇は等しい．したがって，$P_1$ と $Q_1$ を結合して得られる $(a,b)$ 路の長さは偶数である．このとき，$a$ と $b$ が隣接しているすると，この $(a,b)$ 路に辺 $(a,b)$ を付加すると奇閉路となる．したがって，仮定から $G$ は奇閉路を含まないので，$a$ と $b$ は隣接していないことが分かる．以上のことから，$X$ は $G$ の独立点集合であることが分かる．同様にして，$Y$ も $G$ の独立点集合であることが分かる． □

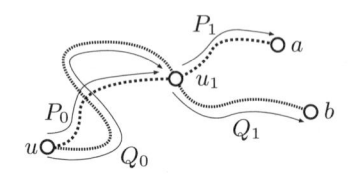

図 1–23 最短 $(u,a)$ 路 $P$ の部分路 $P_0$, $P_1$ と最短 $(u,b)$ 路 $Q$ の部分路 $Q_0$, $Q_1$

木は閉路を含まないので，ただちに次の系を得る．

[系 1–3] 木は 2 部グラフである． □

## （2） グラフの彩色

グラフの隣接する 2 点に異なる色が割当てられるように，すべての点に色を割当てることをグラフの**彩色** (coloring) といい，$k$ 色以下での彩色をグラフの $k$ **彩色**という．また，グラフ $G$ の彩色に必要な色の最小数を $G$ の**彩色数** (chromatic number) といい，$\chi(G)$ で表す．

例えば，近くの放送局で同じ周波数の電波を用いると干渉が発生するため，異なる周波数を用いなければならないとしよう．このとき，放送局を点とし，干渉が発生する可能性のある放送局間に辺を加えたグラフの彩色が，干渉が生じない放送局への周波数割当に対応する．

彩色されたグラフ $G$ において，同じ色が割当てられた点の集合は $G$ の独立点集合になっているので，$G$ を $k$ 色で彩色することは $V(G)$ の $k$ 個の独立点集合への分割に対応している．

したがって，$\chi(G) = 1$ であるための必要十分条件は，$E(G) = \emptyset$ であることである．辺が存在しなければすべての点に同じ色を割当てることができるが，辺が存在するとその両端点には異なる色を割り当てなければならないので彩色数は 2 以上となる．また，$\chi(G) \leq 2$ であるための必要十分条件は，$G$ が 2 部グラフであることである．2 部グラフであれば，図 1–22 に示すグラフのように彩色ができる．また，2 彩色できるならば，その 2 彩色によってグラフの 2 分割を得ることができる．

一方，$\chi(G) \leq 3$ であるグラフ $G$ の特徴付けは，$\chi(G) \leq 3$ であるという自明な特徴付け以外に知られていない．

［例題 1–8］ 閉路 $C$ の彩色数を示せ．

**解**：$C$ が偶閉路であるときには，定理 1–10 から $C$ は 2 部グラフであるので，$\chi(C) = 2$ である．一方，$C$ が奇閉路であるときには，$C$ は 2 部グラフではないので $\chi(C) \geq 3$ である．また，$C$ は 3 彩色できるので $\chi(C) = 3$ である．□

## 1–4 オイラーグラフとハミルトングラフ

### (1) オイラーグラフ

グラフのすべての点とすべての辺を含むトレイルを**オイラートレイル** (Euler trail) という．グラフにオイラートレイルが存在するということは，そのグラフはいわゆる一筆書きで描くことができることを意味している．もちろん，この一筆書きでは，点は何度でも経由してよいが辺はちょうど一回だけ経由する．同様に，グラフのすべての点とすべての辺を含む閉トレイルを**オイラー閉トレイル** (Euler closed trail) といい，オイラー閉トレイルが存在するグラフを**オイラーグラフ** (eulerian graph) という．オイラーグラフは一筆書きで始点に戻るように描くことができる連結グラフである．

ケーニヒスベルク (Königsberg) という町に掛かる 7 つの橋のすべてをどれもちょうど 1 回だけ歩いて渡ることができるか，という問いに，できないだろうと多くの人は思っていたが，1735 年にスイスの数学者オイラー (Euler) はできないことを明確に示した．この事に由来して，すべての点とすべての辺を含むトレイルをオイラートレイルと呼んでいる．

[**例 1–19**] 図 1–24 に示すグラフ $K_5$ はオイラーグラフである．実際，閉トレイル $(u, v, x, y, z, u, x, z, v, y, u)$ は，最初に外側の 5 角形を通り，次に内側の星型を通るオイラー閉トレイルである． □

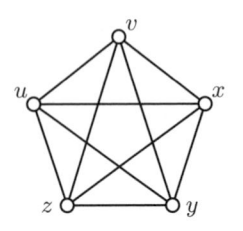

**図 1–24** グラフ $K_5$

次の定理はオイラーグラフを特徴付けている．

[定理 1–11] 連結グラフ $G$ がオイラーグラフであるための必要十分条件は，$G$ のすべての点が偶点であることである．

**証明：**連結グラフ $G$ がオイラーグラフである，すなわち，$G$ にはオイラー閉トレイル $P$ が存在すると仮定する．$G$ の点数が 1 であるとき，点の次数は 0 であり，すべての点が偶点であることが分かる．そこで，点数が 2 以上の場合を考える．任意の点 $v$ が $P$ に始点としてでも終点としてでもなく現れるときには，$P$ において $v$ の前後に現れる異なる 2 つの辺が $v$ に接続している．点 $v$ が $P$ の始点であるときには $v$ は $P$ の終点でもあり，$P$ に現れる最初の辺と最初の辺とは異なる最後の辺が $v$ に接続している．$v$ が $P$ に $k$ 回現れるとしよう．ただし，$v$ が始点と終点に現れるときには合わせて 1 回とする．各辺はちょうど 1 回ずつ $P$ に現れるので，$v$ に接続する辺はすべて $P$ において $v$ の前後に現れる．また，ある辺の前後に $v$ が現れることはない．したがって，$v$ は $2k$ 本の辺と接続していることになる．すなわち，$v$ の次数は $2k$ で偶数であり，$v$ は偶点であることが分かる．

逆に，連結グラフ $G$ のすべての点は偶点であると仮定する．$G$ にオイラー閉トレイルが存在することを $|E(G)|$ に関する数学的帰納法を用いて証明する．$|E(G)| = 0$ ならば点数は 1 であり $G$ はオイラーグラフとなる．また，$|E(G)| = 1$ か $|E(G)| = 2$ の場合には，すべての点が偶点である単純グラフは存在しない．$|E(G)| = 3$ ならば $G$ は 3 点から成る閉路である．したがって，辺数が 3 以下の場合は，$G$ はオイラーグラフであることが分かる．そこで，$|E(G)| = m \ (\geq 4)$ とし，辺数が $m-1$ 以下のグラフに対しては主張が正しいと仮定する．$G$ は連結であるので各点に少なくとも 1 本の辺が接続する．また，$G$ の各点は偶点であるから $G$ の各点の次数は 2 以上である．したがって，20 ページの補題 1–1 から $G$ は閉路 $C$ を含むことが分かる．$C = G$ ならば明らかに $G$ はオイラーグラフである．そこで，$C \neq G$ と仮定する．$H = G - E(C)$ とする．グラフ $H$ は連結ではないかもしれないが，$H$ の辺数は $m-1$ 以下であり，$H$ の各点はやはり偶点である．したがって，帰納法の仮定から，$H$ の各連結成分はオイラーグラフである．$G$ は連結であるから，$H$ の各連結成分は $C$ と点を共有している．また，逆に $C$ の各点は $H$ のある連結成分に属している．$G$ のオイラー閉

トレイルは以下のようにして得られる．$C$ の任意の点を始点として，その点が属す $H$ の連結成分のオイラー閉トレイルを辿る．次に $C$ の辺を辿り，次の点が属す $H$ の連結成分のオイラー閉トレイルをまだ辿っていなければ辿る．以上の手続きを $C$ の始点に戻るまで繰り返せば，$G$ のオイラー閉トレイルが構成できることが分かる (図 1–25 参照)． □

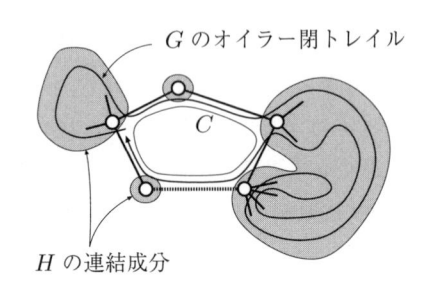

図 1–25 グラフ $G$ の閉路 $C$ とオイラー閉トレイル

[例題 1–9] 連結グラフ $G$ にオイラートレイルが存在するための必要十分条件は，$G$ に奇点が高々2つしか存在しないことであることを証明せよ．

解：$G$ にオイラートレイルが存在すると仮定する．定理 1–11 の証明と同様にして，オイラートレイルの始点と終点以外の点の次数は偶数であることが分かる．したがって，$G$ には奇点が高々2つしか存在しない．

逆に，$G$ に奇点が高々2つしか存在しないと仮定する．奇点が存在しない場合は定理 1–11 から明らかである．また，18 ページの例題 1–3 から奇点は偶数個存在するので，奇点が1つということはあり得ない．そこで2点 $u$ と $v$ が奇点であると仮定する．このとき，$u$ と $v$ が隣接していなければグラフ $G+\{(u,v)\}$ のすべての点は偶点である (図 1–26(a) 参照)．したがって，定理 1–11 から $G+\{(u,v)\}$ はオイラーグラフである．簡単に分かるように，$G+\{(u,v)\}$ のオイラー閉トレイルから辺 $(u,v)$ を除去して得られる系列から $u$ と $v$ を結ぶ $G$ のオイラートレイルが得られる．$u$ と $v$ が隣接している場合には，$G$ に含まれない点を $x$ とすると，$G+\{(u,x),(x,v)\}$ がオイラーグラフとなる (図 1–26(b) 参照)．$G+\{(u,x),(x,v)\}$ のオイラー閉トレイルには辺 $(u,x)$ と $(x,v)$ が連

続して現れる．そこで $G+\{(u,x),(x,v)\}$ のオイラー閉トレイルから辺 $(u,x)$ と $(x,v)$ を取り除けば $u$ と $v$ を結ぶ $G$ のオイラートレイルが得られる． □

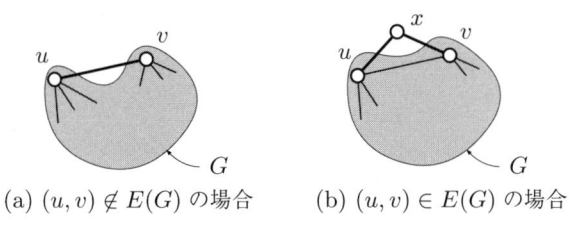

(a) $(u,v) \notin E(G)$ の場合　　(b) $(u,v) \in E(G)$ の場合

図 1–26　オイラーグラフ $G+\{(u,v)\}$ と $G+\{(u,x),(x,v)\}$

定理 1–11 と例題 1–9 の命題は，証明から明らかなように並列辺を含むグラフに対しても成り立つ．

## （2）完全グラフと完全2部グラフ

すべての異なる2点が辺で結ばれているグラフを**完全グラフ** (complete graph) という．$n$ 点から成る完全グラフを $K_n$ で表す．$K_n$ は $n$ 点から成るグラフのなかで辺数最大のグラフである．

［例 1–20］　5点から成る完全グラフ $K_5$ が図 1–24 に示されている． □

［例題 1–10］　$n$ が奇数のとき，かつそのときに限って完全グラフ $K_n$ はオイラーグラフであることを示せ．

**解：**$K_n$ の任意の点の次数は $n-1$ であるから，$n$ が奇数のときすべての点の次数が偶数であり，$n$ が偶数のときすべての点の次数が奇数となる．また，$K_n$ は明らかに連結である．したがって，定理 1–11 から分かるように，$n$ が奇数のとき，かつそのときに限って $K_n$ はオイラーグラフである． □

［例題 1–11］　$n$ 点から成る完全グラフ $K_n$ の辺数は $n(n-1)/2$ であること，すなわち，
$$|E(K_n)| = \frac{n(n-1)}{2}$$

であることを示せ．このことから，$n$ 点から成る任意のグラフの辺数は高々 $n(n-1)/2$ であることが分かる．

**解 1：** $K_n$ の辺数は $n$ 点から異なる 2 点を選ぶ組合せの数[7]に等しい．したがって，
$$|E(K_n)| = \binom{n}{2} = \frac{n(n-1)}{2}$$
である． □

**解 2：** 完全グラフの定義から，$K_n$ の任意の点の次数は $n-1$ である．18 ページの定理 1–3 から，
$$\sum_{v \in V(K_n)} \deg_{K_n}(v) = 2|E(K_n)|$$
であるから，
$$\sum_{v \in V(K_n)} (n-1) = 2|E(K_n)|$$
である．したがって，
$$n(n-1) = 2|E(K_n)|$$
であるから，
$$|E(K_n)| = \frac{n(n-1)}{2}$$
を得る． □

$G$ を 2 部グラフとし，$(X,Y)$ を $G$ の 2 分割とする．$X$ の任意の点と $Y$ の任意の点が辺で結ばれているとき，$G$ を**完全 2 部グラフ** (complete bipartite graph) という．$|X| = p$ であり $|Y| = q$ であるとき，$G$ を $K_{p,q}$ で表す．簡単に分かるように，$|E(K_{p,q})| = pq$ である．

---

[7] $a$ 個から異なる $b$ 個を選ぶ組合せの数は $\binom{a}{b}$ や ${}_aC_b$ で表現され，$\frac{a!}{(a-b)!b!}$ となる．

[例 1–21] 図 1–27 に示すグラフは完全 2 部グラフ $K_{2,3}$ である．　　□

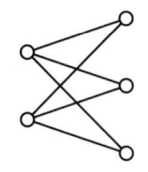

図 **1–27**　完全 2 部グラフ $K_{2,3}$

(3) ハミルトングラフと巡回セールスマン問題

グラフのすべての点を含む路を**ハミルトン路** (Hamilton path) といい，すべての点を含む閉路を**ハミルトン閉路** (Hamilton cycle) という．また，ハミルトン閉路が存在するグラフを**ハミルトングラフ** (hamiltonian graph) という．ハミルトン路とハミルトン閉路は，それぞれグラフの路である全域部分グラフと閉路である全域部分グラフである．

オイラーグラフと同様に，この名前は，この性質について言及した数学者ハミルトン (Hamilton) に由来している．ハミルトングラフの定義もオイラーグラフの定義と似ているが，オイラーグラフの場合と異なり，グラフがハミルトングラフであるための十分条件はいくつか知られているが，必要十分条件となるハミルトングラフの特徴付けは知られていない．

[例 1–22]　$n \geq 3$ であるとき，完全グラフ $K_n$ はハミルトングラフである．$K_n$ の各点がちょうど 1 回ずつ現れる任意の点の系列に対応してハミルトン閉路を得ることができる．　　□

[例題 1–12]　$p = q\ (\geq 2)$ のとき，かつそのときに限って完全 2 部グラフ $K_{p,q}$ はハミルトングラフであることを示せ．

**解**：$(X, Y)$ を $K_{p,q}$ の 2 分割とし，$|X| = p$ であり $|Y| = q$ であるとする．$p = q$ のとき，各点がちょうど 1 回ずつ現れる $X$ の点から始まり $Y$ の点で終る $X$ の点と $Y$ の点を交互に繰り返す点の系列を得ることができる．完全 2 部グラフでは $X$ の任意の点と $Y$ の任意の点が辺で結ばれており，そのような任意の点の

系列からハミルトン路が得られることが分かる．また，$p=q$ でかつそれらが 2 以上ならば，系列の 2 番目の点と終点は異なる．したがって，系列の始点と 2 番目の点を結ぶ辺と系列の終点と始点を結ぶ辺は異なるため，得られたハミルトン路に系列の終点と始点を結ぶ辺を付加するとハミルトン閉路になることが分かる．したがって，$K_{p,q}$ はハミルトングラフである．

逆に，$K_{p,q}$ がハミルトングラフであると仮定する．$K_{p,q}$ のハミルトン閉路には $X$ と $Y$ のすべての点が現れ，しかも $X$ の点と $Y$ の点を交互に繰り返す．閉路の始点と終点は一致するので，$p=q$ であることが分かる． □

さて，ハミルトングラフに関連する巡回セールスマン問題について説明しよう．巡回セールスマンは自分が担当するすべての町を訪問し，最後は出発地点に戻ってこなければならない．また，巡回セールスマンはできるだけ短い時間ですべての町を訪問するため，訪問に用いる経路の長さを最小にしたいと考えている．このような巡回セールスマンのための，すべての町を訪問する長さが最小の経路を求める問題が**巡回セールスマン問題** (traveling salesman problem) である．

[**例 1–23**] 巡回セールスマン問題の入力として，町を点に対応させ，他の町を経由しない 2 つの町を直接結ぶ経路が存在する 2 つの町の間に辺を加えたグラフが与えられたとしよう．このとき，巡回セールスマンの経路は，すべての町を訪問する必要はあるが，各町をちょうど 1 回経由するという制約はないものとする．これは，ある町を何度か経由しないとすべての町を訪問できないかもしれないし，ある町を何度か経由することで経路が短くなるかもしれないからである．ある町を何回か経由する場合には，1 回だけ訪問し，あとは通過だけすればよいのである．すなわち，巡回セールスマン問題は，すべての点を経由する長さ最小の閉ウォークを求める問題となる．例えば，図 1–28 に示すグラフ $G$ において，長さ 7 のすべての点を経由する閉ウォーク $(a, x, y, z, y, c, b, a)$ は，すべての点を経由する長さ最小の閉ウォークであり，巡回セールスマンの求める経路となる．同様に，2 つの町を直接結ぶ経路の長さを辺の重みとしたネットワークが入力として与えられた場合も，巡回セールスマン問題は，ネッ

トワークにおけるすべての点を経由する重み最小の閉ウォークを求める問題となる．　□

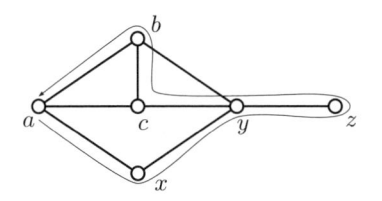

図 1-28　グラフ $G$

ハミルトン閉路は，グラフの各点をちょうど1回経由する閉路であったが，巡回セールスマンの求める経路は，グラフの各点を少なくとも1回経由する長さや重みが最小の閉ウォークである．このように，ハミルトン閉路と巡回セールスマンの求める経路に求められる性質の間には，類似性もあるが微妙な違いも存在する．しかし，以下のように少し工夫を加えると，巡回セールスマンの経路をネットワークのハミルトン閉路に対応させることができる．

巡回セールスマン問題の入力として，町を点に対応させた $n$ 点から成るグラフ $G$ またはネットワーク $N$ $(=(G,w))$ が与えられたとしよう．まず，各町を点に対応させた完全グラフ $K_n$ を作る．さらに，町 $u$ と $v$ の間の距離，すなわち，町 $u$ と $v$ を結ぶ最短路[8]の長さもしくは重みを辺 $(u,v)$ の重み $w(u,v)$ に対応させ，ネットワーク $(K_n, w)$ を作る．

巡回セールスマン問題は，出発点を含め巡回する町の数が2以下であれば答えは自明であるので，巡回する町の数が3以上の場合を考えれば十分である．このとき，巡回セールスマン問題は $(K_n, w)$ $(n \geq 3)$ に対して重み最小のハミルトン閉路を求めよ，という問題になる．

例1-22で述べたように，3点以上から成る完全グラフはハミルトングラフである．したがって，$(K_n, w)$ には少なくとも1つのハミルトン閉路が存在するが，すべてのハミルトン閉路の中で重みが最小であるハミルトン閉路に対応する経路が，巡回セールスマンの求める経路となる．

---

[8] 2点間の最短路を求めるアルゴリズムについては，3-2節で説明する．

$K_n$ の辺 $(u,v)$ の重みは，$G$ や $N$ における最短 $(u,v)$ 路の長さもしくは重みである．$G$ や $N$ において町 $u$ と $v$ を直接結ぶ経路はないかもしれないし，町 $u$ と $v$ を直接結ぶ経路は他のいくつかの町を経由する経路よりも長いかもしれない．そのような場合には，$K_n$ の辺 $(u,v)$ は $u$ と $v$ 以外の町を経由する $G$ や $N$ の $(u,v)$ 路に対応する．$(K_n, w)$ の重み最小のハミルトン閉路がそのような辺を含むならば，巡回セールスマンの経路はある町を何度か経由する．

[**例 1–24**] 図 1–28 に示すグラフ $G$ の 2 点間の距離を辺の重みとするネットワーク $(K_6, w)$ を図 1–29(a) に示す．ラベルのない辺の重みは 1 である．また，辺の重みを辺の太さにも対応させている．最も細い辺の重みは 1，中間の太さの辺の重みは 2，最も太い辺の重みは 3 である．図 1–29(b) に示す閉路 $(a,x,y,z,c,b,a)$ は $(K_6, w)$ の重み最小のハミルトン閉路であり，その重みは 7 である．$K_n$ の辺 $(z,c)$ は $G$ の路 $(z,y,c)$ に対応する．このハミルトン閉路に対応する $G$ の閉ウォークは，長さ 7 の $(a,x,y,z,y,c,b,a)$ である．　□

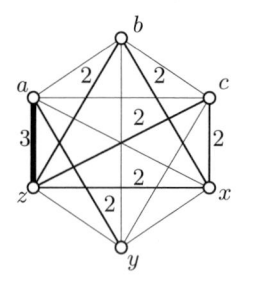

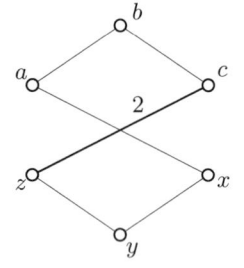

(a) ネットワーク $(K_6, w)$　　(b) $(K_6, w)$ の重み最小ハミルトン閉路

図 **1–29**　ネットワーク $(K_6, w)$ とその重み最小のハミルトン閉路

[**例題 1–13**] 与えられたグラフがハミルトングラフであるか否かを判定する問題は，巡回セールスマン問題を用いて解けることを示せ．

**解：**与えられたグラフの点数が 2 以下であればハミルトングラフではないので，3 以上の場合を考えれば十分である．

$n (\geq 3)$ 点から成るグラフ $G$ に対して，以下のような巡回セールスマン問題を作る．完全グラフ $K_n$ の点集合は $G$ の点集合と同じであるとする．$K_n$ の辺

の重みを次のように定義する：
$$w(e) = \begin{cases} 1 & e \in E(G) \text{ のとき} \\ 2 & e \notin E(G) \text{ のとき}. \end{cases}$$

$K_n$ においてハミルトン閉路は $n$ 本の辺から構成されているので，ネットワーク $(K_n, w)$ においてハミルトン閉路の重みが $n$ であるための必要十分条件は，そのハミルトン閉路が重み 1 の辺のみで構成されていることである．したがって，$(K_n, w)$ に重み $n$ のハミルトン閉路が存在するための必要十分条件は，$G$ がハミルトングラフであることである．以上のことから，$(K_n, w)$ に対する巡回セールスマン問題を解けば，$G$ がハミルトングラフであるか否かを判定できることが分かる． □

巡回セールスマン問題が解けるならば，グラフがハミルトングラフであるか否かを判定できることは分かった．しかし，巡回セールスマン問題が解けなくとも，グラフがハミルトングラフであるか否かを判定できるかもしれない．すなわち，このことは，グラフがハミルトングラフであるか否かを判定する問題は，巡回セールスマン問題と比べて，同じくらい難しい問題であるか，より簡単な問題であるか，のいずれかであるということを意味している．このような問題の難しさ易しさに関しては，4–3 節でもう少し詳しく述べる．

## 演習問題 1

**1.** グラフの各点の次数を非増加順に並べた系列をグラフの**次数系列** (degree sequence) と呼ぶ．以下の次数系列を持つ (並列辺やループを含まない単純) グラフを構成せよ．不可能であれば理由を述べよ．
   (1)　(5,3,3,3,2)　　(2)　(4,3,3,2,1)　　(3)　(4,3,3,2,2)
   (4)　(5,5,5,5,3,2,1)　(5)　(5,5,5,4,3,2,2)

**2.** 任意の整数 $n \ (\geq 1)$ に対して，$n$ 次元キューブ $Q_n$ は次のように定義されるグラフである．
$$V(Q_n) = \{\boldsymbol{x} \mid \boldsymbol{x} = (x_1, x_2, \ldots, x_n),\ x_1, x_2, \ldots, x_n \in \{0,1\}\}$$
$$E(Q_n) = \{(\boldsymbol{x}, \boldsymbol{y}) \mid \boldsymbol{x}, \boldsymbol{y} \in V(Q_n),\ \boldsymbol{x} \text{ と } \boldsymbol{y} \text{ はちょうど 1 つの座標が異なる }\}.$$

(1)　$Q_1, Q_2, Q_3$，および $Q_4$ を図で示せ．

(2) $Q_n$ の点数はいくつか.

(3) $Q_n$ の各点の次数はいくつか.

(4) $Q_n$ の辺数はいくつか.

(5) $\boldsymbol{x} = (x_1, x_2, \ldots, x_n)$, $\boldsymbol{y} = (y_1, y_2, \ldots, y_n)$ とする.
$$\mathbf{dis}_{Q_n}(\boldsymbol{x}, \boldsymbol{y}) = \sum_{i=1}^{n} |x_i - y_i|$$
であることを示せ.

(6) $Q_n$ は連結グラフであることを示せ.

(7) 隣接行列 $A(Q_3)$ を示せ.

(8) 接続行列 $B(Q_3)$ を示せ.

(9) 任意の整数 $n$ ($\geq 1$) に対して,$Q_n$ は2部グラフであることを示せ.

(10) $n$ が偶正整数のとき,かつそのときに限って $Q_n$ はオイラーグラフであることを示せ.

(11) 任意の整数 $n$ ($\geq 2$) に対して,$Q_n$ はハミルトングラフであることを示せ.

**3.** 辺を交差することなく平面上に描画できるグラフを**平面的グラフ** (planar graph) といい,そうでないグラフを非平面的グラフという.平面的グラフを辺が交差しないように平面に描画したグラフを**平面グラフ** (plane graph) という.平面グラフの辺によって囲まれた極大な領域を**窓** (face) という.無限遠点を含む領域も窓とする.

(1) 以下のグラフは平面的グラフであることを示せ.

  (a)  完全グラフ $K_4$  (b)  完全2部グラフ $K_{2,3}$

(2) 任意の (単純で) 連結な平面グラフ $G$ に対して,$G$ の点数,辺数,窓数をそれぞれ $n$, $m$, $f$ とする.このとき,以下の式が成り立つことを示せ.

  (a) $f = m - n + 2$  (b) $3f \leq 2m$  (c) $m \leq 3n - 6$

(3) 以下のグラフは非平面的グラフであることを示せ.

  (a)  完全グラフ $K_5$  (b)  完全2部グラフ $K_{3,3}$

**4.** 図 1–30 に示す2つのグラフは同型であることを示せ.

**5.** 図 1–31 に示す2つのグラフは同型でないことを示せ.

**6.** 点の次数の最大値が $k$ である木には,次数が1である点が少なくとも $k$ 個存在することを示せ.

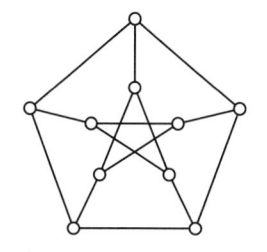

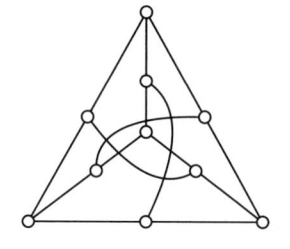

図 **1-30** 2つのグラフ

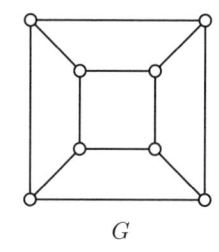

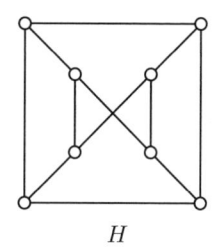

$G$　　　　　　　　　　$H$

図 **1-31** 2つのグラフ $G$ と $H$

**7.** 完全グラフ $K_n$ の異なる全域木の数は $n^{n-2}$ であることが知られている．$K_4$ の異なる全域木をすべて列挙せよ．その中で同型ではない全域木はいくつあるか．

**8.** 各点が高々 $a$ 個の子を持つ根付き木を $a$ 分木という $(a \geq 1)$．高さ $k$ の $a$ 分木には高々 $a^k$ 個の葉が存在することを示せ．

**9.** $n$ 点から成る根付き木を $T$ とする．$T$ の任意の内点 $v$ を根とする部分木 $T_v$ と，$v$ の任意の子 $u$ を根とする部分木 $T_u$ に対して，$|V(T_v)| \geq 2|V(T_u)|$ が成り立つとき，$T$ の高さは高々 $\log_2 n$ であることを示せ．

**10.** 図 1-30 に示すグラフはハミルトングラフか．

**11.** 図 1-32 に示すネットワーク $N$ に対して，巡回セールスマン問題を解け．

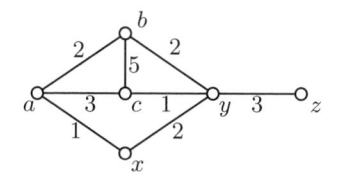

図 **1-32** ネットワーク $N$

# 第2章

# アルゴリズムの解析

 アルゴリズムとは問題を解くための手順であり，その手順にしたがい処理を進めていけば答えが得られることになる．アルゴリズムの解析とは，その正当性を明らかにするとともに，その性能を明らかにすることである．すなわち，アルゴリズムが正しい答えを出力することを確かめ，正しい答えを出力することが分かったら，正しい出力を得るまでの時間などを調べる．本章では，このアルゴリズムの性能を評価するための方法について議論する．

## 2–1 関数の漸近的評価

 アルゴリズムの性能は，計算量として測定される．アルゴリズムの計算量としては，2–2節で議論するように，アルゴリズムを実行するために必要な時間の長さを表す時間計算量と，アルゴリズムを実行するために必要なメモリの大きさを表す領域計算量とが主に用いられる．以下では，計算量を評価するための準備として関数の漸近的評価について議論する．

 2つの関数があったときそれらの大小関係を定義できるであろうか．$f(n)$ と $g(n)$ を関数とする．任意の $n$ に対して $f(n) < g(n)$ であるならば，$f(n)$ は $g(n)$ よりも小さいと定義することはできる．しかし，ある $n$ と $n'$ に対して $f(n) < g(n)$ であり $f(n') > g(n')$ であるならば，$f(n)$ と $g(n)$ の大小関係はどのように定義すればよいであろうか．関数の漸近的評価では十分大きい $n$ によって関数を評価し，関数の大小関係を定義する．

 ある非負定数 $c$ が存在して，十分大きな $n$ に対して $f(n) \leq c \cdot g(n)$ が常に

成り立つとき，すなわち，

$$\lim_{n\to\infty}\frac{f(n)}{g(n)} \leq c$$

であるとき，$f(n)$ は $g(n)$ の**オーダ** (order) であるといい，$f(n) = O(g(n))$ と表す．$f(n)$ が $g(n)$ のオーダであるということは，$f(n)$ は $g(n)$ よりも漸近的評価において等しいか小さいことを意味する．また，特に，

$$\lim_{n\to\infty}\frac{f(n)}{g(n)} = 0$$

であるとき，$f(n) = o(g(n))$ と表すことにする．このとき，$f(n)$ は $g(n)$ よりも漸近的評価において真に小さいことを意味する．

ある正定数 $c$ が存在して，

$$\lim_{n\to\infty}\frac{f(n)}{g(n)} \geq c$$

であるとき，$f(n) = \Omega(g(n))$ と表し，

$$\lim_{n\to\infty}\frac{f(n)}{g(n)} = \infty$$

であるとき，$f(n) = \omega(g(n))$ と表すことにする．すなわち，$f(n) = \Omega(g(n))$ ならば，$f(n)$ は $g(n)$ よりも漸近的評価において等しいか大きいことを，$f(n) = \omega(g(n))$ ならば，$f(n)$ は $g(n)$ よりも漸近的評価において真に大きいことを意味する．

また，$f(n) = O(g(n))$ かつ $f(n) = \Omega(g(n))$ であるとき，$f(n) = \Theta(g(n))$ と表す．すなわち，$f(n)$ と $g(n)$ は漸近的評価において等しいことを意味する．以上の表記法を表 2-1 にまとめる．

漸近的評価においては関数の大きさをオーダで評価する．評価には関数 $g(n)$ が用いられるが，$g(n)$ としては，$1, n, n^2, 2^n$ といった単純な関数を用いることが一般的である．$O(1)$ と $O(n)$ をそれぞれ**定数オーダ** (constant order) と**線形オーダ** (linear order) という．また，ある非負定数 $k$ $(k \geq 0)$ に対して $O(n^k)$ を**多項式オーダ** (polynomial order) といい，正定数 $k$ $(k > 1)$ に対して $O(k^n)$ を**指数オーダ** (exponential order) という．

表 2-1 関数の漸近的評価 ($c$ は非負定数,$c'$ は正定数)

| 表記 | 漸近的評価における意味 | 定義 |
| --- | --- | --- |
| $f(n) = O(g(n))$ | $f(n) \leq g(n)$ | $\lim_{n \to \infty} \dfrac{f(n)}{g(n)} \leq c$ |
| $f(n) = o(g(n))$ | $f(n) < g(n)$ | $\lim_{n \to \infty} \dfrac{f(n)}{g(n)} = 0$ |
| $f(n) = \Omega(g(n))$ | $f(n) \geq g(n)$ | $\lim_{n \to \infty} \dfrac{f(n)}{g(n)} \geq c'$ |
| $f(n) = \omega(g(n))$ | $f(n) > g(n)$ | $\lim_{n \to \infty} \dfrac{f(n)}{g(n)} = \infty$ |
| $f(n) = \Theta(g(n))$ | $f(n) = g(n)$ | $c' \leq \lim_{n \to \infty} \dfrac{f(n)}{g(n)} \leq c$ |

[例題 2-1] $a_1, a_2, \ldots, a_k$ を任意の定数とする.$a_0 > 0$ であるとき,

$$a_0 n^k + a_1 n^{k-1} + \cdots + a_k = \Theta(n^k)$$

であることを示せ.

解:

$$\lim_{n \to \infty} \frac{a_0 n^k + a_1 n^{k-1} + \cdots + a_k}{n^k} = a_0$$

であるから,

$$a_0 n^k + a_1 n^{k-1} + \cdots + a_k = O(n^k)$$

であると同時に,

$$a_0 n^k + a_1 n^{k-1} + \cdots + a_k = \Omega(n^k)$$

である.したがって,

$$a_0 n^k + a_1 n^{k-1} + \cdots + a_k = \Theta(n^k)$$

を得る.  □

多項式は最大次数の項の係数が正であるとき,各項の係数の大小にかかわらず,最大次数の項の次数により漸近的評価をすることができる.また,最大次数の項の係数が正である 2 つの多項式は,その係数の大小にかかわらず同じオー

ダであると評価できる．ここで注意しなければならないのは，ある非負定数 $k$ に対して $n^k$ は $O(n^k)$ であるが $O(n^{k+1})$ でもあることである．関数を解析するという観点からは，できる限り小さいオーダで関数を評価すべきである．

[例題 2–2]　$a_1, a_2, \ldots, a_k$ を任意の定数とする．
$$a_0 n^k + a_1 n^{k-1} + \cdots + a_k = o(n^{k+1})$$
であることを示せ．

解：
$$\lim_{n \to \infty} \frac{a_0 n^k + a_1 n^{k-1} + \cdots + a_k}{n^{k+1}} = 0$$
であるから，$a_0 n^k + a_1 n^{k-1} + \cdots + a_k = o(n^{k+1})$ を得る．　□

ある関数が $o(n^k)$ であるとき，その関数を $O(n^k)$ と評価することは間違いではないが，その違いをよく理解した上でこれらの表記を用いて欲しい．

[例題 2–3]　任意の正定数 $a$ と $b$ に対して，$\log_a n = \Theta(\log_b n)$ であることを示せ．

解：
$$\log_b n = \frac{\log_a n}{\log_a b}$$
であるから，
$$\frac{\log_a n}{\log_b n} = \log_a n \cdot \frac{\log_a b}{\log_a n} = \log_a b$$
であり，$\log_a n = O(\log_b n)$ かつ $\log_a n = \Omega(\log_b n)$ を得る．　□

このことから対数関数の底の大小は，その漸近的評価に影響を与えないことが分かる．また，以下では，対数関数の底を省略する場合は，底として 2 をとることとする．例えば，任意の正定数 $a$ に対して，$\log_a n = O(\log n) = \Omega(\log n) = \Theta(\log n)$ と表記される．$\log n$ は多項式ではないが，多項式オーダの関数である（演習問題 2 の問 3 参照）．そこで $O(\log n)$ も多項式オーダといい，同様に任意の非負定数 $k, k'$ に対して，$O(n^k \log^{k'} n)$ も多項式オーダという．次の

定理に示す関数は多項式オーダの関数である.

[定理 2–1]　$\log(n!) = \Theta(n \log n)$.

証明:
$$n! = n \times (n-1) \times \cdots \times 2 \times 1$$

であるから, $n! \leq n^n$ という自明な不等式を得る. したがって, $\log(n!) \leq n \log n$ であるから,

$$\lim_{n \to \infty} \frac{\log(n!)}{n \log n} \leq 1$$

となる. ゆえに,
$$\log(n!) = O(n \log n) \tag{2.1}$$

を得る. 一方,

$$n! \geq n \times (n-1) \times \cdots \times \left(\left\lceil \frac{n}{2} \right\rceil + 1\right) \times \left\lceil \frac{n}{2} \right\rceil \geq \left\lceil \frac{n}{2} \right\rceil^{\left\lceil \frac{n}{2} \right\rceil}$$

である.[1] また, $\left\lceil \frac{n}{2} \right\rceil \geq \frac{n}{2}$ であるから,

$$n! \geq \left(\frac{n}{2}\right)^{\frac{n}{2}}$$

である. したがって,

$$\log(n!) \geq \frac{n}{2} \log \frac{n}{2} = \frac{1}{2} n \log n - \frac{n}{2}$$

であるから,

$$\lim_{n \to \infty} \frac{\log(n!)}{n \log n} \geq \frac{1}{2}$$

となる. すなわち,
$$\log(n!) = \Omega(n \log n) \tag{2.2}$$

を得る.

よって, 式 (2.1) と (2.2) から, $\log(n!) = \Theta(n \log n)$ である. 　□

---

[1] $x$ を下回らない最小の整数, すなわち, $x$ の切上げを $\lceil x \rceil$ で表す. 付録 4 参照.

## 2–2 アルゴリズムの解析

### （1） 問題

アルゴリズムとは問題を解くための手順であるが，アルゴリズムの解析の前に，まず，アルゴリズム理論における「問題」という用語の定義を説明する．

例えば，「与えられたグラフ $G$ はハミルトングラフか．」という問は問題である．答えは「Yes」か「No」のいずれかであるが，このままでは「Yes」か「No」かを答えられない．与えられる $G$ によって答えは異なるためである．例えば，$G$ として完全グラフ $K_5$ が与えられると問は「$K_5$ はハミルトングラフか．」となり，37 ページの例 1–22 より答えは「Yes」となる．また，$G$ として完全 2 部グラフ $K_{2,3}$ が与えられると，37 ページの例題 1–12 より答えは「No」となる．

このように問題は $G$ のようなパラメータを用いて記述される．パラメータに具体的なデータを与えることで答えることができる問となる．このような問を問題例といい，具体的なデータを問題の入力という．

一般に，**問題** (problem) $\Pi$ は無限である**入力集合** (instance set) $I$ と**質問** (question) $Q(x)$ から成り立っている．そこで，問題を $\Pi = (I, Q(x))$ のように表現する．また，入力集合の要素 $s\ (\in I)$ を問題の**入力** (instance) という．$s$ に対応する**問題例** (problem instance) を $\Pi(s) = Q(s)$ のように表現する．

以下では，問題 $\Pi = (I, Q(x))$ を次のようにも表現することにする．

---

$\Pi$
　入力：$x \in I$
　質問：$Q(x)$

---

［例 2–1］　$\mathcal{G}$ をすべてのグラフの集合とする．

$Q_1(G)$：　「$G$ はハミルトングラフか．」

としたとき，$\Pi_1 = (\mathcal{G}, Q_1(G))$ は問題であり，次のように表現される．

> $\Pi_1$
> 入力：$G \in \mathcal{G}$
> 質問：$G$ はハミルトングラフか．

また，質問の中で使われるパラメータとその全体集合が分かればよいので，次のようにも表現する．

> $\Pi_1$
> 入力：グラフ $G$
> 質問：$G$ はハミルトングラフか．

$\Pi_1$ への入力として完全グラフ $K_5$ が与えられると，

$Q_1(K_5)$：　「$K_5$ はハミルトングラフか．」

という問題例 $\Pi_1(K_5)$ となる． □

$\mathcal{G}'$ をすべての 2 部グラフの集合としたとき，$\Pi'_1 = (\mathcal{G}', Q_1(G))$ も問題である．このとき，質問は同じで $\mathcal{G}' \subseteq \mathcal{G}$ であるから，$\Pi'_1$ は $\Pi_1$ の**部分問題** (subproblem) であるという．

これらの問題のように，答えが「Yes」あるいは「No」である問題を**判定問題** (decision problem) という．また，一般に，判定問題に対して**探索問題** (search problem) と**最適化問題** (optimization problem) という 2 種類の付随する問題を定義できる．

探索問題は，判定問題の答えが「Yes」である証拠を示す問題である．すなわち，

$Q_2(G)$：　「$G$ がハミルトングラフならば，ハミルトン閉路を 1 つ示せ．」

としたときの問題 $\Pi_2 = (\mathcal{G}, Q_2(G))$ が，判定問題 $\Pi_1 = (\mathcal{G}, Q_1(G))$ に付随する探索問題と定義できる．

最適化問題は，判定問題に関連するある値を最適化する問題である．それでは，判定問題 $\Pi_1 = (\mathcal{G}, Q_1(G))$ に付随する最適化問題はどのようなものであろうか．質問 $Q_1$ は，

$Q_1'(G)$: 「$G$ は長さが点数と等しい閉路を含むか.」

と置き換えることができる．したがって，閉路の長さを $\Pi_1$ に関連する値であると考えることができ，ハミルトングラフでない場合にもできる限り長い閉路を求める最適化問題が定義できる．すなわち，

$Q_3(G)$: 「$G$ の長さが最大である閉路を 1 つ示せ.」

としたときの問題 $\Pi_3 = (\mathcal{G}, Q_3(G))$ が，判定問題 $\Pi_1 = (\mathcal{G}, Q_1(G))$ に付随する最適化問題と定義できる．

[例 2–2] 1–4 節（3）で説明した巡回セールスマン問題は，次のように最適化問題として定義できる．

---
巡回セールスマン問題
　入力：完全グラフ $K_n$，重み関数 $w : E(K_n) \to \mathcal{R}^+$
　質問：ネットワーク $(K_n, w)$ の重み最小のハミルトン閉路を 1 つ示せ．

---

ただし，$\mathcal{R}^+$ は非負実数の集合を表す．38 ページの例 1–23 では，入力をグラフやネットワークとし，それらの入力に応じて完全グラフと重み関数を定義したが，ここでは完全グラフと重み関数が入力として与えられるとしている．この巡回セールスマン問題に付随する判定問題は，

---
巡回セールスマン判定問題 (TS)
　入力：完全グラフ $K_n$，重み関数 $w : E(K_n) \to \mathcal{R}^+$，非負実数 $r\ (\in \mathcal{R}^+)$
　質問：ネットワーク $(K_n, w)$ に重み $r$ 以下のハミルトン閉路が存在するか.

---

と定義でき，探索問題は

---
巡回セールスマン探索問題
　入力：完全グラフ $K_n$，重み関数 $w : E(K_n) \to \mathcal{R}^+$，非負実数 $r\ (\in \mathcal{R}^+)$
　質問：ネットワーク $(K_n, w)$ に重み $r$ 以下のハミルトン閉路が存在するならば，それを 1 つ示せ．

---

と定義できる． □

[例題 2-4] 次に示す問題

> **オイラーグラフ判定問題 (EG)**
> 入力：グラフ $G$
> 質問：$G$ はオイラーグラフか．

に付随する探索問題と最適化問題を示せ．

**解**：探索問題と最適化問題はそれぞれ

> **オイラー閉トレイル問題**
> 入力：グラフ $G$
> 質問：$G$ がオイラーグラフならば，オイラー閉トレイルを 1 つ示せ．

> **最大閉トレイル問題**
> 入力：グラフ $G$
> 質問：$G$ の長さが最大である閉トレイルを 1 つ示せ．

と記述できる． □

本書では，これからいくつかの判定問題を扱うが，**巡回セールスマン判定問題 (TS)** を **TS** と表記するように，判定問題は略記することがある．

電子情報通信工学などで扱う問題は探索問題や最適化問題であることが多いが，4-3 節で議論するように，それらの問題に付随する判定問題を用いて問題の難しさを議論することが多い．また，判定問題に付随する探索問題や最適化問題は，必ずしも一意には定まらないことに注意して欲しい．着目する証拠や値が異なれば，判定問題に付随する異なる探索問題や最適化問題が定義できることがある．

先に定義した問題 $\Pi_1$，$\Pi_2$，および $\Pi_3$ をそれぞれ**ハミルトングラフ判定問題 (HG)**，**ハミルトン閉路問題**，および**最大閉路問題**という．

$\Pi_1$：ハミルトングラフ判定問題 (**HG**)
　入力：グラフ $G$
　質問：$G$ はハミルトングラフか.

$\Pi_2$：ハミルトン閉路問題
　入力：グラフ $G$
　質問：$G$ がハミルトングラフならば，ハミルトン閉路を 1 つ示せ.

$\Pi_3$：最大閉路問題
　入力：グラフ $G$
　質問：$G$ の長さが最大である閉路を 1 つ示せ.

　グラフ $G$ に対して，問題例 $\Pi_3(G)$ の答えの閉路の長さが $|V(G)|$ に等しいならばその閉路は $G$ のハミルトン閉路であるし，$|V(G)|$ 未満ならば $G$ はハミルトングラフではないことが分かる．したがって，問題例 $\Pi_3(G)$ が解ければ問題例 $\Pi_2(G)$ も解ける．また，問題例 $\Pi_2(G)$ が解ければ問題例 $\Pi_1(G)$ も解けることは明らかである．

　一般に，判定問題に付随する最適化問題が解ければ，それに付随する探索問題も解ける．したがって，もとの判定問題も解けることになる．すなわち，探索問題は判定問題よりも易しくはないし，最適化問題は探索問題よりも易しくはないことが分かる．

　次の例題は，$\Pi_1$：ハミルトングラフ判定問題 (**HG**) は $\Pi_2$：ハミルトン閉路問題よりも易しくはないこと，すなわち，$\Pi_1$ と $\Pi_2$ が同じくらいの難しさであることを示している．

[**例題 2–5**] $m$ 辺から成るグラフ $H$ に対して，問題 $\Pi_1 = (\mathcal{G}, Q_1(G))$ を高々 $m+1$ 回解くことにより，問題例 $\Pi_2(H)$ を解けることを示せ．

**解**：問題例 $\Pi_1(H)$ の答えが「No」であるときには，$H$ はハミルトングラフでないので，問題例 $\Pi_2(H)$ においてハミルトン閉路を示す必要はない．したがって，$\Pi_2(H)$ は解けるということになる．そこで，$\Pi_1(H)$ の答えが「Yes」である，すなわち，$H$ がハミルトン閉路を含むと仮定する．このとき，除去して得

られるグラフがやはりハミルトングラフである辺を $H$ から次々に除去する．どの辺を除去してもハミルトングラフとならないグラフが得られたとき，そのグラフが $H$ のハミルトン閉路である．

　この操作をもう少し具体的に説明しよう．$E(H) = \{e_1, e_2, \ldots, e_m\}$ とする．問題例 $\Pi_1(H - \{e_1\})$ の答えが「Yes」であるときには，$H$ には $e_1$ を含まないハミルトン閉路が存在する．また，$\Pi_1(H - \{e_1\})$ の答えが「No」であるときには，$H$ のすべてのハミルトン閉路は $e_1$ を含む．すなわち，$e_1$ を含まない $H$ のハミルトン閉路は存在しない．そこで，$\Pi_1(H - \{e_1\})$ の答えが「Yes」であるときには $H_1 = H - \{e_1\}$ とし，「No」であるときには $H_1 = H$ とする．いずれの場合も $H_1$ はハミルトングラフである．同様に，問題例 $\Pi_1(H_1 - \{e_2\})$ の答えが「Yes」であるときには $H_2 = H_1 - \{e_2\}$ とし，「No」であるときには $H_2 = H_1$ とする．一般に，問題例 $\Pi_1(H_i - \{e_{i+1}\})$ の答えが「Yes」であるときには $H_{i+1} = H_i - \{e_{i+1}\}$ とし，「No」であるときには $H_{i+1} = H_i$ とする．このとき，$H_m$ はハミルトングラフである．また，$H_m$ の任意の辺に対して，その辺を含まないハミルトン閉路は存在しない．すなわち，$H_m$ が求めるハミルトン閉路である．このとき，$\Pi_2(H)$ は $\Pi_1$ を $m+1$ 回解くことにより解けたことになる． □

## （2）アルゴリズムの解析

　アルゴリズムとは問題を解くための手順であり，その手順にしたがい処理を進めていけば問題例に対する答えが得られることになる．アルゴリズムの解析とは，その正当性を明らかにするとともに，その性能を明らかにすることである．すなわち，まず，どのような問題例に対しても正しい答えを出力することを確かめなければならない．正しい答えを出力することが分かったら，次に，正しい出力を得るまでの時間などを調べる．

　アルゴリズムの性能は，**計算量** (complexity) として測定される．アルゴリズムの計算量としては，アルゴリズムを実行するために必要なメモリの大きさを表す**領域計算量** (space complexity) とアルゴリズムを実行するために必要な時間の長さを表す**時間計算量** (time complexity) とが主に用いられる．以下では，アルゴリズムの計算量について時間計算量に焦点をしぼり説明する．

計算機上でアルゴリズムを実行するのに必要な時間を時間計算量として用いることはできるであろうか．計算機上でアルゴリズムを実行するのに必要な時間は，計算機の構造や性能に依存するだけでなく，計算機の進歩は目覚しく，基本的な演算をするのに必要な時間は年々短くなっている．したがって，アルゴリズムの不変的な評価やアルゴリズム間の性能比較をしようとする場合には適当ではない．また，問題例に対するアルゴリズムの実行時間を測定することに意味はあるだろうか．一度アルゴリズムを実行し答えが得られたならば，答えが分かっているのであるから，再び同じ入力に対してアルゴリズムを実行する必要は基本的にはない．無限の大きさの入力集合の中のどの入力が与えられるか分からない状況で，実際に入力が与えられたとき，アルゴリズムの実行時間がどのくらいになるかを予測することが重要となる．

したがって，以下のような方法で時間計算量を定めることになる．まず，実際の計算機ではなく，基本的な処理を単位時間で実現できる理想的な計算機を計算モデルとして定義し，その計算モデルでの実行時間を時間計算量として用いる．以下では，**ランダムアクセス機械** (random access machine, RAM) を計算モデルとし，RAM上でアルゴリズムを解析する方法を説明する．

RAMは，データを処理する**中央処理ユニット** (central processing unit, CPU) とデータを蓄える**ランダムアクセスメモリ** (random access memory) から成る．ランダムアクセスメモリは単に**メモリ** (memory) ともいう．メモリは任意の大きさの数をデータとして格納できる**メモリセル** (memory cell) から成り，その大きさは含まれるメモリセルの数で評価される．CPUは，メモリに含まれるメモリセルの数にかかわらず，任意のメモリセルに定数時間でアクセスでき，データの大きさにかかわらず，基本的な算術演算や比較などを定数時間で計算できると仮定する．

算術演算，比較，およびメモリへのアクセスなどの基本操作の有限系列を**手続き** (procedure) という．問題$\Pi$のすべての問題例に対して解を求めるための有限時間で停止する手続きが$\Pi$を解く**アルゴリズム** (algorithm) である．

アルゴリズムは問題$\Pi$の各問題例に対して有限時間で停止するが，問題例が異なれば停止するまでの時間も異なる．また，一般的に，入力の大きさが大きければ大きいほど，アルゴリズムが停止するまでの時間が長くなるであろう．

そこで，アルゴリズムが停止するまでの時間を $\Pi$ の入力 $s\,(\in I)$ の**大きさ** (size) $|s|$ の関数として評価する．$|s|$ は $s$ をデータとして計算機上に格納するために必要なメモリセルの数で評価する．それでは，入力の大きさが同じであれば，アルゴリズムが停止するまでの時間は同じであろうか．もちろん同じとなるアルゴリズムも存在するが，必ずしも同じであるとは限らない．さらに，乱数などを用いて手順を決定するアルゴリズムなどもあるため，同じ入力に対してさえも，アルゴリズムが停止するまでの時間は異なる可能性がある．そこで，アルゴリズムの計算量は，一般に，最悪の場合を用いて評価する．

問題 $\Pi = (I, Q(x))$ を解くアルゴリズムを $\mathcal{A}$ としよう．$\mathcal{A}$ に入力 $s\,(\in I)$ が与えられたときに $\mathcal{A}$ が実行する基本操作の最大数，すなわち，問題例 $\Pi(s)$ を解くときに必要な基本操作の最大数を $t_\mathcal{A}(s)$ で表す．[2] このとき，

$$\mathcal{T}_\mathcal{A}(n) = \max\left\{t_\mathcal{A}(s) \mid s \in I, |s| = n\right\}$$

をアルゴリズム $\mathcal{A}$ の**時間計算量** (time complexity) と定義し，$\mathcal{A}$ は $\Pi$ を $\mathcal{T}_\mathcal{A}(n)$ 時間で解くという．

( 3 ) 多項式時間アルゴリズム

アルゴリズム $\mathcal{A}$ の時間計算量 $\mathcal{T}_\mathcal{A}(n)$ は，入力の大きさ $n$ の関数であり，$\mathcal{A}$ で $\Pi$ を解くときに必要な最悪の計算時間に対応する．一般に，$\mathcal{T}_\mathcal{A}(n)$ はそのオーダで評価される．$\mathcal{T}_\mathcal{A}(n)$ が線形オーダであるとき $\mathcal{A}$ を**線形時間アルゴリズム** (linear time algorithm)，多項式オーダであるとき**多項式時間アルゴリズム** (polynomial time algorithm)，指数オーダであるとき**指数時間アルゴリズム** (exponential time algorithm) などという．また，$\mathcal{A}$ が $\Pi$ を解く線形時間アルゴリズムであるとき，$\mathcal{A}$ は $\Pi$ を線形時間で解くなどという．

アルゴリズムを実行する際の基本操作にかかる時間を $10^{-9}$ 秒としてみよう．アルゴリズムの基本操作の数が $n$, $n^2$, $n^3$, $n^{10}$, $2^n$ の場合に必要な計算時間を表 2–2 に示す．表 2–2 に示すように，多項式時間アルゴリズムは入力の大きさに応じて計算時間が増加するがその変化は比較的緩やかである．一方，指数

---

[2] ここで基本操作の数ではなく最大数を $t_\mathcal{A}(s)$ としたのは，入力に応じて操作の数が一意に定まるとは限らないためである．

表 2–2 計算時間の比較

|  | $n=1$ | $n=20$ | $n=40$ | $n=60$ | $n=80$ |
|---|---|---|---|---|---|
| $n$ | $10^{-9}$ 秒 | $2\times 10^{-8}$ 秒 | $4\times 10^{-8}$ 秒 | $6\times 10^{-8}$ 秒 | $8\times 10^{-8}$ 秒 |
| $n^2$ | $10^{-9}$ 秒 | $4\times 10^{-7}$ 秒 | $16\times 10^{-7}$ 秒 | $36\times 10^{-7}$ 秒 | $64\times 10^{-7}$ 秒 |
| $n^3$ | $10^{-9}$ 秒 | $8\times 10^{-6}$ 秒 | $64\times 10^{-6}$ 秒 | $216\times 10^{-6}$ 秒 | $512\times 10^{-6}$ 秒 |
| $n^{10}$ | $10^{-9}$ 秒 | 171 分 | 121 日 | 19.2 年 | 340 年 |
| $2^n$ | $2\times 10^{-9}$ 秒 | $1.05\times 10^{-3}$ 秒 | 18.3 分 | 36.6 年 | $3.83\times 10^5$ 世紀 |

時間アルゴリズムは比較的小さな入力に対してさえも天文学的な長さの時間を必要とすることが分かる．また，計算機の性能が向上し基本操作にかかる時間が 100 分の 1 になったとすると，ある時間内に解くことができる問題の大きさは，アルゴリズムの基本操作の数が $n^2$ ならば 10 倍となるが，$2^n$ ならば高々 7 大きいだけである．

したがって，アルゴリズム理論では，問題に対してその問題を解く指数時間アルゴリズムを示しただけでは，その問題は解けたとはいわない．アルゴリズムは示されたとしても天文学的な長さの時間の後に解が得られたのでは実際上無意味であるからである．そこで，多項式時間アルゴリズムは効率的なアルゴリズムであると定義し，その効率的アルゴリズムが示されて初めてその問題は解けたというのである．また，多項式時間アルゴリズムで解ける問題は簡単であり，多項式時間アルゴリズムでは解けない問題は難しいものと考える．

アルゴリズム理論では，多項式時間アルゴリズムは効率的なアルゴリズムと定義するが，そのアルゴリズムが必ずしも実用的であるとは限らないことに注意する必要がある．表 2–2 からも分かるように，時間計算量が $O(n^{10})$ 程度のアルゴリズムは，入力の大きさ $n$ が 40 程度でも実用的とはいえないであろうし，入力の大きさ $n$ が 1 億，1 兆といった場合には，時間計算量が $O(n^2)$ 程度のアルゴリズムでも実用的ではないであろう．

また，アルゴリズム理論では，オーダが同じであればアルゴリズムの性能は等しく，オーダがより小さなアルゴリズムがより性能の良いアルゴリズムとみなされる．したがって，一般には，よりオーダが小さいアルゴリズムを設計することが目標となる．ただし，実用上，対象とする入力の大きさをある程度狭めることができることが多い．そのような場合には，漸近的評価が必ずしもア

ルゴリズムの性能と一致しないことにも注意しなければならない．同じオーダのアルゴリズムでも漸近的評価では無視される係数の大小によっては実際の計算時間に大きな差がでることも考えられる．また，入力の大きさが小さい範囲では，時間計算量が $O(n^3)$ のアルゴリズムが $O(n^2)$ のアルゴリズムよりも計算時間が短いということもあり得るのである．

## （4） グラフの大きさ

アルゴリズムの時間計算量は，入力の大きさの関数として表現されるが，問題の入力としてよく用いられるグラフの大きさはどのように評価すればよいであろうか．本書では，メモリセルは任意の大きさの数を格納できると仮定し，グラフを格納するために必要なメモリセルの数でその大きさを評価する．

グラフを計算機上に格納するのによく用いられるデータ構造の中で，隣接行列と接続行列については 1-1 節（3）に示した．行列を格納するためのメモリセルの数は，行列の各要素のデータを格納するためのメモリセルと，行列の行数や列数を格納するためのメモリセルの和として表せる．すなわち，行列の要素数を $x$ としたとき，必要なメモリセルの数は $a_1 x + a_2$ となる．ただし，$a_1$ と $a_2$ は正定数である．これをオーダで評価すると $O(x)$ となる．すなわち，少なくとも $O(x)$ のメモリセルがあれば行列を格納することができることが分かる．また，少なくとも $\Omega(x)$ のメモリセルがないと行列を格納することはできないことも明らかである．したがって，要素数が $x$ である行列の大きさは，$\Theta(x)$ であることが分かる．このことから，$n$ 点と $m$ 辺から成るグラフの隣接行列と接続行列の大きさはそれぞれ $\Theta(n^2)$ と $\Theta(nm)$ であることが分かる．

それでは，グラフを計算機上に格納する大きさがより小さいデータ構造はあるだろうか．隣接行列では，対応する辺が存在することを示す 1 と，存在しないことを示す 0 がデータとして格納されている．しかし，どちらか一方のみをデータとして格納すれば，データ構造としては十分である．例えば，ある点とある点を接続する辺が存在するという情報のみを格納することにすれば，ある辺が存在するという情報が格納されていなければ，その辺は存在しないということが分かる．**隣接リスト** (adjacency list) は，隣接行列の 1 を表現するデータ構造として，点集合を配列で表現し，各点に隣接する点の集合をポインタを

用いた連結リストで表現する．

[例 2–3] 図 2–1 に示すグラフ $G$ の隣接行列は

$$A(G) = \begin{array}{c} \\ v_1 \\ v_2 \\ v_3 \\ v_4 \\ v_5 \\ v_6 \end{array} \begin{array}{c} v_1 \ v_2 \ v_3 \ v_4 \ v_5 \ v_6 \\ \left[ \begin{array}{cccccc} 0 & 1 & 1 & 1 & 0 & 0 \\ 1 & 0 & 1 & 0 & 1 & 0 \\ 1 & 1 & 0 & 0 & 1 & 0 \\ 1 & 0 & 0 & 0 & 1 & 0 \\ 0 & 1 & 1 & 1 & 0 & 1 \\ 0 & 0 & 0 & 0 & 1 & 0 \end{array} \right] \end{array}$$

である．このグラフの隣接リストによる表現を図 2–2 に示す．　□

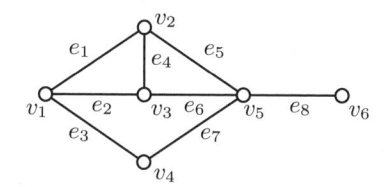

図 2–1　グラフ $G$ (図 1–11 に示すグラフ $G$ と同じ)

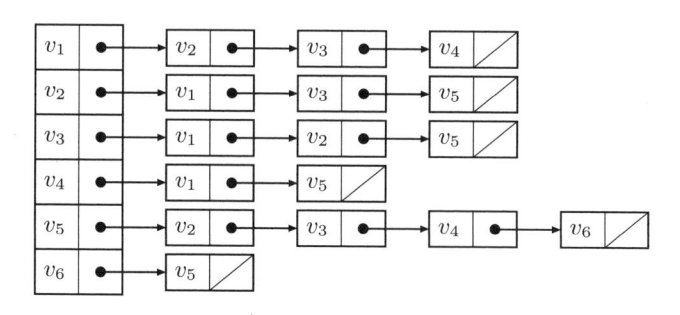

図 2–2　図 2–1 に示すグラフ $G$ の隣接リスト

[定理 2–2]　$n$ 点と $m$ 辺から成る任意のグラフ $G$ に対して，$G$ の

1. 隣接行列の大きさは $\Theta(n^2)$ である；
2. 接続行列の大きさは $\Theta(nm)$ である；
3. 隣接リストの大きさは $\Theta(n+m)$ である．

証明：上で述べたように，隣接行列と接続行列の大きさは定義から明らかである．隣接リストの大きさは以下のようにして評価できる．まず，$G$ の点集合を表現する配列の大きさは $\Theta(n)$ である．点 $v$ に隣接する点の集合を表現するための連結リストの大きさは $\Theta(\deg_G(v))$ であるので，すべての点について隣接する点の集合を表現するための連結リストの大きさは，

$$\Theta\left(\sum_{v\in V(G)} \deg_G(v)\right)$$

である．18 ページの定理 1–3 から，

$$\Theta\left(\sum_{v\in V(G)} \deg_G(v)\right) = \Theta(m)$$

であるから，隣接リストの大きさは $\Theta(n+m)$ と評価できることが分かる．□

このように，グラフの大きさは用いるデータ構造によって異なるが，いずれも点数と辺数の関数として定義できることが分かる．また，隣接リストを用いれば，点数と辺数に関する線形オーダでグラフを表現できることが分かる．さらに，隣接リストに辺の重みを表現する領域を追加すれば，ネットワークを表現することができるので，点数と辺数に関する線形オーダでネットワークを表現できることも分かる．

グラフの点数と辺数の関係については第 1 章で述べたが，この関係を漸近的評価で述べると次の定理となる．

[定理 2–3] $n$ 点と $m$ 辺から成る任意の連結グラフ $G$ に対して，

$$m = \Omega(n), \quad m = O(n^2)$$

である．また，

$$n = \Omega\left(m^{\frac{1}{2}}\right), \quad n = O(m)$$

である．

証明：$G$ は連結であるので，24 ページの系 1–2 から $m \geq n - 1$ である．したがって，

$$\lim_{n\to\infty} \frac{m}{n} \geq 1, \quad \lim_{m\to\infty} \frac{n}{m} \leq 1$$

であるから，$m = \Omega(n)$，および $n = O(m)$ を得る．また，35ページの例題 1–11 から，

$$m \leq \frac{n(n-1)}{2}$$

である．したがって，

$$\lim_{n \to \infty} \frac{m}{n^2} \leq \frac{1}{2}, \quad \lim_{m \to \infty} \frac{n}{m^{\frac{1}{2}}} \geq \sqrt{2}$$

であるから，$m = O(n^2)$，および $n = \Omega\left(m^{\frac{1}{2}}\right)$ を得る． □

グラフの大きさをグラフの点数の関数として評価すると，定理 2–2 と定理 2–3 から，次の定理となる．

[定理 2–4] $n$ 点から成る任意の連結グラフに対して，そのグラフの

1. 隣接行列の大きさは $\Theta(n^2)$ である；
2. 接続行列の大きさは $\Omega(n^2)$ かつ $O(n^3)$ である；
3. 隣接リストの大きさは $\Omega(n)$ かつ $O(n^2)$ である． □

グラフの大きさはその表現によって異なるが，簡単化のために，グラフ $G$ の大きさを $|V(G)|$ あるいは $|E(G)|$ として用いることが多い．このように簡単化しても，定理 2–2 と定理 2–4 から，問題が多項式時間アルゴリズムで解けるか否かには影響しないことが分かる．

(5) オイラーグラフ判定問題

アルゴリズムの解析の例として，**オイラーグラフ判定問題 (EG)** の部分問題である次の問題について考えてみよう．

---
**連結オイラーグラフ判定問題 (C-EG)**

入力：連結グラフ $G$

質問：$G$ はオイラーグラフか．

---

一般に，離散構造に関連する問題は「すべての場合をつくす」という自明な

アルゴリズムを用いることで答えが得られる場合が多い．しかしながら，このようにして得られるアルゴリズムは，多項式時間アルゴリズムでないことが多く，「すべての場合をつくす」というアルゴリズムだけでは，問題は解けたとはいえないことが多い．

実際，**連結オイラーグラフ判定問題 (C-EG)** に対しても，すべての場合をつくす次に示すアルゴリズムが存在する：

- まず，グラフ $G$ の辺集合 $E(G)$ のすべての順列を生成し；
- 次に，各々の順列がオイラー閉トレイルに対応しているか否かを調べる．

$E(G)$ のすべての順列を生成する方法については議論が必要であるが，それほど難しくないので，ここではまず順列は生成できたとしよう．ある順列がオイラー閉トレイルに対応しているか否かは，すべての辺について，一方の端点が順列の前の辺の端点と一致し，他方の端点が順列の次の辺の端点と一致することを確かめればよい．一致していることを確かめる操作は定数オーダで可能であるので，ある順列に対して対応を調べる操作は，辺数の線形オーダで可能である．すなわち，辺数を $m\ (=|E(G)|)$ としたとき $O(m)$ 時間で可能である．しかしながら，$E(G)$ のすべての順列の数は $m!$ であるので，このアルゴリズムを実行するためには，少なくとも $\Omega(m!)$ 時間が必要である．なぜならば，$G$ がオイラーグラフではないときには，すべての順列を調べなければならないからである．また，$m!$ は多項式オーダではないので，このアルゴリズムは多項式時間アルゴリズムではない (演習問題 2 の問 4 参照)．

そこで，問題の離散構造を解析し，その情報を用いて多項式時間アルゴリズムを設計する必要がある．**連結オイラーグラフ判定問題 (C-EG)** の場合には，33 ページの定理 1–11 に基づいて，次のような線形時間アルゴリズムを設計することができる．

■ **アルゴリズム 2–1 (連結オイラーグラフ判定アルゴリズム)**

入力：連結グラフ $G$ (ただし，$|V(G)| = n$，$|E(G)| = m$ とする)
出力：「Yes」または「No」

ステップ 0： $X = V(G)$ とする．
ステップ 1： $X = \emptyset$ ならば「Yes」を出力して終了する．
ステップ 2： 点 $x$ を $X$ から任意に 1 つ選び，$X = X \setminus \{x\}$ とする．
ステップ 3： $\deg_G(x)$ が奇数ならば「No」を出力して終了する．そうでなければ，ステップ 1 に戻る． ∎

　このアルゴリズムの正当性は定理 1-11 が保証しているので，時間計算量について考えよう．アルゴリズムの時間計算量は，アルゴリズムの各ステップの 1 回あたりの時間計算量とそれらのステップが最大何回実行されるかを調べることで求めることができる．まず，アルゴリズムの各ステップの 1 回あたりの時間計算量を調べてみよう．

　ステップ 0 は点集合を $X$ に代入する操作である．この操作は点集合の大きさに対して線形時間，すなわち，$O(n)$ 時間で実行できる．ステップ 1 は集合が空か否かを調べる操作と出力する操作であり，それぞれ定数時間，すなわち，$O(1)$ 時間で実行できる．ステップ 2 は集合から要素を 1 つ選択しその要素を集合から取り除く操作であり，$O(1)$ 時間で実行できる．ステップ 3 では，まず，点の次数を求める．グラフが隣接リストで表現されていたとすると，隣接する点の集合がリストとして与えられるので，そのリストを辿ることで次数が分かる．点 $x$ のリストは $O(\deg_G(x))$ 時間で辿ることができるので，点の次数は $O(\deg_G(x))$ 時間で計算できる．[3] その後，次数が奇数かどうか調べる操作と，奇数ならば「No」と出力する操作が続くが，それらの操作はそれぞれ $O(1)$ 時間で実行できる．したがって，ステップ 3 の時間計算量は合わせて $O(\deg_G(x)) + O(1) + O(1) = O(\deg_G(x))$ [4] となる．

　次に，各ステップが実行される回数と全体の時間計算量について考える．ステップ 0 は最初に 1 回だけ実行されるので，ステップ 0 の時間計算量は全体で $O(n)$ である．また，ステップ 1 は最大で $n+1$ 回繰り返され，ステップ 2 は最大で $n$ 回繰り返されるので，ステップ 1 と 2 の時間計算量は全体でそれぞれ $O(n)$

---

[3] 点の次数がデータとして格納されていれば次数は $O(1)$ 時間で得られる．すべての点の次数をデータとして格納するのに必要な大きさは $O(n)$ である．簡単に計算でき，格納するのに必要な大きさが小さい値の場合には，$O(1)$ 時間で得られると考えることも多い．
[4] 数式中に表れているオーダ表記は，そのオーダのある関数を表現しているものとする．

である．ステップ3について考える．点の次数は$O(n)$であるのでステップ3の1回あたりの時間計算量は$O(n)$と評価できる．また，ステップ3は最大で$n$回繰り返されるので，ステップ3の全体の時間計算量は$O(n) \cdot O(n) = O(n^2)$と評価できる．しかし，ステップ3は$V(G)$の各点に対して高々1回実行されることに着目すると，ステップ3の全体の時間計算量を

$$O\left(\sum_{v \in V(G)} \deg_G(v)\right)$$

と評価できる．このように評価すると18ページの定理1–3から，

$$\sum_{v \in V(G)} \deg_G(v) = O(m)$$

であるから，ステップ3の全体の時間計算量は$O(m)$であることが分かる．

したがって，アルゴリズム全体の時間計算量は$O(n) + O(m) = O(n+m)$となる．また，$G$は連結であるので定理2–3より$n = O(m)$であることが分かり，アルゴリズム全体の時間計算量は$O(m)$であることが分かる．[5] 以上のことをまとめて次の定理を得る．

[**定理 2–5**] アルゴリズム2–1は**連結オイラーグラフ判定問題 (C-EG)** を線形時間で解く． □

## 2–3　整列アルゴリズム

### (1)　整列問題

アルゴリズムの解析のもう1つの例として，整列問題を考えてみよう．整数の系列を大きさの昇順に並べ換える問題を**整列問題** (sorting problem) という．すなわち，整数の集合を $\mathcal{Z}$ としたとき，

---
**整列問題**
入力：系列 $X = (x_1, x_2, \ldots, x_n)$ (ただし，$x_1, x_2, \ldots, x_n \in \mathcal{Z}$)
質問：$X$ を大きさの昇順に並べ換えよ．

---

[5] ステップ3の時間計算量を$O(1)$とすれば，アルゴリズム全体の時間計算量は$O(n)$となる．

と記述できる.入力 $X$ の大きさ $|X|$ は $n$ $(\geq 2)$ である.$X$ を並べ換えて得られる系列は $(x_{\pi(1)}, x_{\pi(2)}, \ldots, x_{\pi(n)})$ と表現できる.ただし,$\pi$ は $\{1, 2, \ldots, n\}$ 上の置換[6]である.$X$ を大きさの昇順に並べ換えるということは,$X$ を並べ換えて得られる系列の中から昇順に整列した系列を 1 つ選択することである.置換は集合の順列に対応するので,その総数は $n!$ である.すなわち,$n!$ 個の候補の系列の中から 1 つを選び出せばよい.したがって,$X$ を並べ換えて得られる各系列に対して,それが整列しているか否かを調べ,整列していたならば答えとして出力するという,すべての場合をつくす自明なアルゴリズムも存在する.しかし,それは明らかに多項式時間アルゴリズムではなく効率は悪い.

以下では,整数の大きさを比較するという操作を繰り返して**整列問題**を解くアルゴリズムについて考える.[7] まず,そのようなアルゴリズムの時間計算量の下界を評価する.

入力 $X$ を並べ換えて得られるすべての系列が答えの候補である.2 つの整数の大きさの比較を繰り返すことにより,最終的に 1 つの系列を選び出さなければならないが,2 つの整数の大きさの比較により,候補はどのように絞られていくであろうか.簡単に分かるように,2 つの整数の大きさの比較により,いくつかの系列は候補から外すことができる.例えば,整数 $x_i$ と整数 $x_j$ を比較し,$x_i \leq x_j$ であるならば,$(\ldots, x_i, \ldots, x_j, \ldots)$ という系列は候補として残さなければならないが,$(\ldots, x_j, \ldots, x_i, \ldots)$ という系列を候補から外すことができる.同様に,$x_i > x_j$ であるならば,$(\ldots, x_i, \ldots, x_j, \ldots)$ という系列を候補から外すことができる.もちろんアルゴリズムによっては,候補から外すことができる系列のいくつかを候補から外さずに,再び整数 $x_i$ と整数 $x_j$ の比較を行うこともあるだろう.しかし,いずれにしても 2 つの整数の大きさの比較により候補を絞っていき,最終的に候補が 1 つとなったとき,その候補が整列した系列となる.

このようなアルゴリズムは 2 つの整数の大きさの比較をどのような手順で行うかを示す **2 分決定木** (binary decision tree) と呼ばれる 2 分木を用いて表現

---
[6] 置換については付録 2 参照.
[7] 整数の大きさの比較をしないで整列問題を解くアルゴリズムにはどのようなものがあるだろうか.例えば,いくつかのバケツを用意し,整数をその大きさに応じてバケツに振り分けることを繰り返し整列問題を解くバケツソート (bucket sort algorithm) がある.

することができる．

[例 2–4]　図 2–3 は $n = 3$ のときのあるアルゴリズムの 2 分決定木による表現を示している．2 分決定木の葉は系列に対応し，$x_i : x_j$ というラベルのついた内点は整数 $x_i$ と整数 $x_j$ の大きさの比較に対応する．内点を頂点とする部分木の葉に対応する系列は，比較を行う前の答えとなる系列の候補である．整列アルゴリズムの実行は，2 分決定木の根から葉に至る路に対応している．すなわち，最初に根に対応する比較を行う．各内点では，$x_i$ と $x_j$ の比較を行い，$x_i \leq x_j$ ならば左の子に進み，$x_i > x_j$ ならば右の子に進む．比較を行うことで系列の候補が絞られていく．葉に到達したときには，整列した系列 $(x_{\pi(1)}, x_{\pi(2)}, \ldots, x_{\pi(n)})$ が得られる．　□

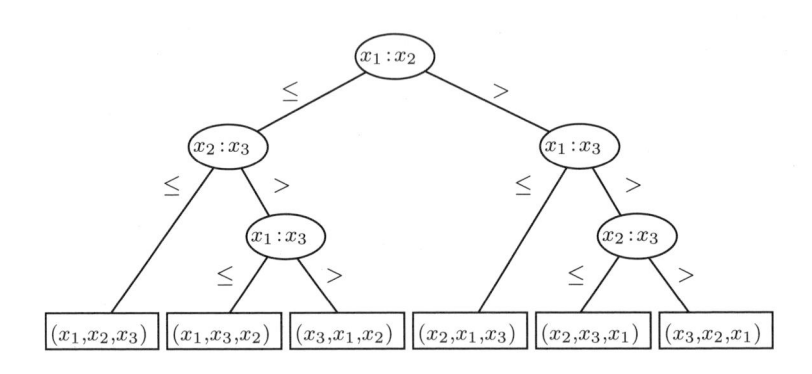

図 2–3　2 分決定木

根から葉までの路がアルゴリズムの実行に対応するので，根から葉までの最も長い路の長さ，すなわち，2 分決定木の高さは対応するアルゴリズムの時間計算量の下界である．2 分決定木によるアルゴリズムの表現において，入力の系列を並べ換えて得られるすべての系列は，2 分決定木に 1 回以上葉として含まれるということから，次に述べるような下界を示すことができる．

[定理 2–6]　整数の比較を繰り返すことで**整列問題**を解く任意のアルゴリズムの時間計算量は少なくとも $\Omega(n \log n)$ である．

**証明**: 整列問題を解く任意のアルゴリズムに対応する2分決定木について考える. $n$ 個の整数を整列させる場合の2分決定木の高さが $k$ であるとする. この2分決定木には少なくとも $n!$ 個の葉がある. 27ページの定理1–9から, 高さ $k$ の2分決定木には高々 $2^k$ 個の葉しか存在しないので, $2^k \geq n!$ でなければならない. したがって, $k \geq \log_2(n!)$ であり, 48ページの定理2–1から $k = \Omega(n \log n)$ を得る. ゆえに, 時間計算量は少なくとも $\Omega(n \log n)$ であることが分かる. □

以下では, 2つの整数の比較を用いて**整列問題**を解くアルゴリズムの中で, 時間計算量が漸近的に最適であるアルゴリズムの代表例である併合整列アルゴリズムを紹介する. 準備として, 併合問題から考察する.

(2) 併合問題

整列した整数の系列の対を併合して新たに整列した整数の系列を構成する問題を**併合問題** (merging problem) という. すなわち,

---
**併合問題**

入力: 整列した整数の系列 $X = (x_1, x_2, \ldots, x_p)$ と $Y = (y_1, y_2, \ldots, y_q)$

質問: $X$ と $Y$ を併合して整列した整数の系列 $Z = (z_1, z_2, \ldots, z_n)$ を構成せよ (ただし, $n = p + q$).

---

と記述できる. 入力の大きさは $|X| + |Y| = p + q = n$ である. 以下に併合問題を解く線形時間アルゴリズムを示す. このアルゴリズムは, 2つの整数の系列の先頭の整数の大小を比較し, 小さい整数を新たな整数の系列に代入する, 代入されなかった整数と代入された整数の系列の次の整数との大小を比較して小さい整数を新たな整数の系列に代入する, ということを繰り返すことで, 整列した2つの整数の系列を新たな整列した整数の系列に併合していくもので, 素朴なものである.

■ **アルゴリズム 2–2** (併合アルゴリズム)

入力: 整列した整数の系列の対 $X = (x_1, x_2, \ldots, x_p)$ と $Y = (y_1, y_2, \ldots, y_q)$

出力: 整列した整数の系列 $Z = (z_1, z_2, \ldots, z_n)$ (ただし, $n = p + q$)

**ステップ0**： $i=0$, $j=0$, $k=1$, $x_{p+1}=\infty$, $y_{q+1}=\infty$ とする．

**ステップ1**： $i+j=n$ ならば，$(z_1, z_2, \ldots, z_n)$ を出力して終了する．

**ステップ2**： $x_{i+1} < y_{j+1}$ ならば，$z_k = x_{i+1}$, $i = i+1$ としてステップ4 に進む．

**ステップ3**： $z_k = y_{j+1}$, $j = j+1$ とする．

**ステップ4**： $k = k+1$ としてステップ1に戻る． ■

アルゴリズムの動作について簡単に説明しよう．ステップ0では，アルゴリズムで使われる変数 $i, j, k$ の初期値と，入力の系列に含まれる整数よりも十分に大きな値を $x_{p+1}$ と $y_{q+1}$ に設定している．ステップ1では，$i+j$ が入力の大きさ $n$ と等しくなったかを調べることで，出力が得られたかを判定する．ここでは整数がある値と等しくなったか調べているが，2つの整数の大小を比較しているのではないので，整数の比較には数えない．ステップ2で整数の大小の比較を行う．その結果に応じて，ステップ2もしくはステップ3で出力の系列に含まれる整数 $z_k$ の値を定める．また，ステップ2, 3, 4でそれぞれ変数を更新しステップ1に戻る．

ある時点で，一方の系列の整数がすべて出力の系列に代入されたならば，出力の残りには他方の系列の残りの整数が順に代入される．したがって，このとき，必ずしもステップ2で整数の比較をする必要はないが，アルゴリズムの記述と解析を簡単にするために，十分大きな値と比較することにしている．

このアルゴリズムの正当性を次の補題に示す．

**[補題 2–1]** アルゴリズム 2–2 は整数の比較を $n$ 回行うことで**併合問題**を解く．

**証明**：アルゴリズム 2–2 では，$z_1, z_2, \ldots, z_n$ の順にステップ2あるいは3で $z_k$ が決定されていく（$1 \leq k \leq n$）．$X$ と $Y$ は整列した整数の系列であるので，

$$x_1 \leq x_2 \leq \cdots \leq x_p, \quad y_1 \leq y_2 \leq \cdots \leq y_q$$

である．したがって，ステップ2あるいは3で決定される $z_k$ は，任意の整数 $l$（$\geq i+1$）に対して $z_k \leq x_l$ であり，任意の整数 $l$（$\geq j+1$）に対して $z_k \leq y_l$ である．また，任意の整数 $l$（$\geq k+1$）に対して，$z_l$ は $x_{i+1}, x_{i+2}, \ldots, x_p$ ある

いは $y_{j+1}, y_{j+2}, \ldots, y_q$ のいずれかに決定されるため，$z_k \leq z_l$ であることが分かる．ゆえに，

$$z_1 \leq z_2 \leq \cdots \leq z_n$$

であることが分かる．また，ステップ 2 あるいは 3 で $z_k$ を決定するために，$x_{i+1}$ と $y_{j+1}$ の比較を 1 回行うので，**アルゴリズム 2–2** は整数の比較を $n$ 回行って終了することが分かる． □

**アルゴリズム 2–2** の時間計算量と補題 2–1 で示した正当性を次の定理にまとめる．

[**定理 2–7**] **アルゴリズム 2–2** は**併合問題**を線形時間で解く．

**証明**：アルゴリズムの正当性については補題 2–1 で示したので，アルゴリズムの時間計算量を解析する．ステップ 1 の出力を除き，各ステップは 1 回あたり $O(1)$ 時間で実行できる．ステップ 1 から 4 までの繰り返し回数はステップ 2 での整数の比較の回数と等しい．整数の比較の回数は，補題 2–1 より $n$ である．ステップ 1 の出力は 1 回のみ実行され，時間計算量は全体で $O(n)$ である．その他のステップの時間計算量も全体で $O(n)$ であるので，アルゴリズム全体の時間計算量は $O(n)$ である． □

(**3**) **併合整列アルゴリズム**

この節では，2 つの整数の比較を用いて**整列問題**を解くアルゴリズムの中で，時間計算量が漸近的に最適であるアルゴリズムの 1 つとしてよく知られている**併合整列アルゴリズム** (merge sort algorithm) を紹介する．

このアルゴリズムは，まず系列を 2 つの部分系列に等分する．系列の長さ $n$ が奇数の場合には等分できないが，一方の長さを $\lfloor \frac{n}{2} \rfloor$ [8]とし，他方の長さを $\lceil \frac{n}{2} \rceil$ とする．次に各部分系列を別々に整列し，最後に整列した部分系列を**アルゴリズム 2–2** (併合アルゴリズム) を用いて併合し，整列した全体系列を得るものである．部分系列の整列にも同じアルゴリズムを用いるので，このアルゴ

---

[8] $x$ を上回らない最大の整数，すなわち，$x$ の切捨てを $\lfloor x \rfloor$ で表す．付録 4 参照．

リズムは再帰的な構造をしている.

以下では配列を扱うので，まず配列の表記法について説明しよう．大きさ $n$ の配列 $A$ の $i$ 番目の要素は $A[i]$ と表記する $(1 \leq i \leq n)$．また，配列 $A$ の $A[i]$ から $A[j]$ までの部分配列を $A[i:j] = \langle A[i], A[i+1], \ldots, A[j] \rangle$ と表記する．例えば，$A = A[1:n] = \langle A[1], A[2], \ldots, A[n] \rangle$ であり，$A[i] = A[i:i] = \langle A[i] \rangle$ である．アルゴリズムの入力は，$A$ の部分配列 $A[i:j] = \langle A[i], A[i+1], \ldots, A[j] \rangle$ である．整数の系列 $X = (x_1, x_2, \ldots, x_n)$ の各要素 $x_i$ は $A[i]$ に格納されているものとし，このアルゴリズムに $A[1:n]$ を入力として与えると，再帰的にアルゴリズムが実行され，整列した系列が $A[1:n]$ として出力される．

■ **アルゴリズム 2–3** (併合整列アルゴリズム)

入力：整数の配列 $A[i:j] = \langle A[i], A[i+1], \ldots, A[j] \rangle$

出力：整数の配列 $A[i:j] = \langle A[i], A[i+1], \ldots, A[j] \rangle$

**ステップ 0**： $i = j$ ならば，$A[i:i]$ を出力して終了する．

**ステップ 1**： $i < j$ ならば，$k = \lfloor (i+j-1)/2 \rfloor$ とする．

**ステップ 2**： $A[i:k]$ を入力として**アルゴリズム 2–3** を実行し，出力を $A[i:k]$ に格納する．

**ステップ 3**： $A[k+1:j]$ を入力として**アルゴリズム 2–3** を実行し，出力を $A[k+1:j]$ に格納する．

**ステップ 4**： $X = A[i:k]$, $Y = A[k+1:j]$ を入力として**アルゴリズム 2–2** を実行し，その出力を新たな $A[i:j]$ として出力して終了する．

■

アルゴリズムの動作について簡単に説明しよう．ステップ 0 は整数の系列の長さが 1 の場合の処理で入力をそのまま出力する．それ以外の場合にステップ 1 以下が実行される．ステップ 1 は整数の系列を分割するために配列を分割する場所を計算している．ステップ 2, 3 ではアルゴリズムを再帰的に実行することで，分割した部分系列をそれぞれ整列した系列とする．ステップ 4 では**アルゴリズム 2–2** を実行することで，整列した 2 つの系列を併合した系列を得る．

[例 2–5] 図 2–4 はアルゴリズム 2–3 が配列 ⟨5, 4, 8, 9, 2, 6, 7, 10, 1, 3⟩ を長さ 1 の系列に分解していく様子を 2 分木で表現している．系列は根から葉に向かって分解されていく．また，図 2–5 は部分系列を併合していく様子を 2 分木で表現している．分解された系列は葉から根に向かって併合されていく．それぞれの内点では右の子と左の子に対応する整列した 2 つの系列を併合し 1 つの整列した系列を生成する． □

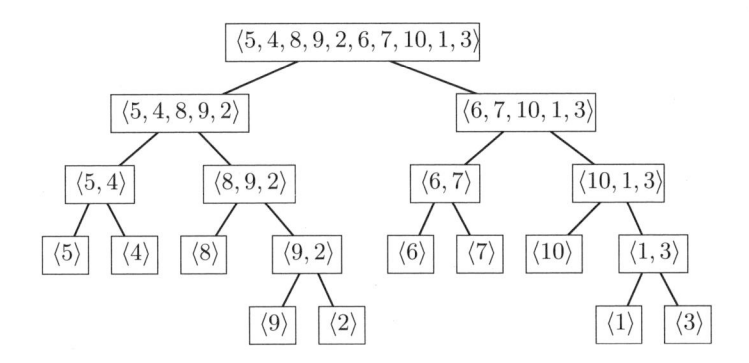

図 2–4 系列の分解の 2 分木表現

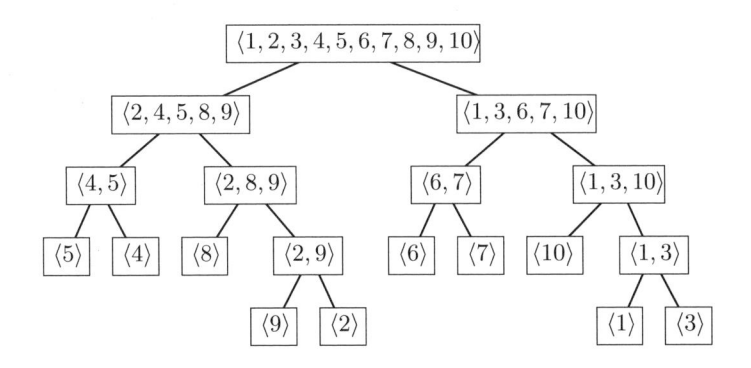

図 2–5 系列の併合の 2 分木表現

**[定理 2–8]** アルゴリズム 2–3 は整列問題を $O(n \log n)$ 時間で解く．

**証明**：大きさ $n$ の入力に対して，アルゴリズム 2–3 はまず系列を再帰的に等分し $n$ 個の長さ 1 の部分系列を得る．長さ 1 の系列は整列した系列であるので，それらをアルゴリズム 2–2 を用いて併合して得られる系列は，定理 2–7 から整列した系列である．アルゴリズム 2–3 は部分系列を繰り返しアルゴリズム 2–2 を用いて併合し最終的に 1 つの系列を得るため，最終的に得られる系列が整列していることは明らかである．ゆえに，アルゴリズム 2–3 の正当性は示された．

そこで，以下では時間計算量を評価する．長さ $n$ の系列に対するアルゴリズム 2–3 の時間計算量を $T(n)$ とする．簡単に分かるように，ステップ 1 で長さ $n$ の系列を 2 等分するために必要な時間計算量は $O(1)$ である．ステップ 2 と 3 で長さ $\lfloor \frac{n}{2} \rfloor$ と長さ $\lceil \frac{n}{2} \rceil$ の部分系列を整列するために必要な時間計算量は，それぞれ $T(\lfloor \frac{n}{2} \rfloor)$ と $T(\lceil \frac{n}{2} \rceil)$ である．ステップ 4 で整列した部分系列をアルゴリズム 2–2 を用いて併合するために必要な時間計算量は，定理 2–7 から $O(n)$ であることが分かる．以上のことから，次のような $T(n)$ に関する漸化式を得る：

$$T(n) = O(1) + T(\lfloor \tfrac{n}{2} \rfloor) + T(\lceil \tfrac{n}{2} \rceil) + O(n)$$
$$= T(\lfloor \tfrac{n}{2} \rfloor) + T(\lceil \tfrac{n}{2} \rceil) + O(n). \tag{2.3}$$

ここで $n$ 以上の最小の 2 のべきを $p$ としよう．$p = 2^{\lceil \log_2 n \rceil}$ である．$n \leq p < 2n$ であるので $p = \Theta(n)$ である．式 (2.3) から，適当な定数 $c$ に対して，

$$T(n) \leq 2T\left(\tfrac{p}{2}\right) + cp$$

となることが分かる．また，整数の系列の長さが 1 の場合には，ステップ 0 で入力をそのまま出力するので $T(1) = O(1)$ である．したがって，$T(n)$ は次のように評価できる．

$$\begin{aligned}
T(n) &\leq 2T\left(\tfrac{p}{2}\right) + cp \\
&\leq 2\left(2T\left(\tfrac{p}{4}\right) + c\tfrac{p}{2}\right) + cp = 2 \cdot 2T\left(\tfrac{p}{4}\right) + cp + cp \\
&\leq 2 \cdot 2 \cdot 2T\left(\tfrac{p}{8}\right) + cp + cp + cp
\end{aligned}$$

$$\leq \underbrace{2 \cdot 2 \cdots 2}_{\log_2 p \text{ 項}} \mathcal{T}(1) + \underbrace{cp + cp + \cdots + cp}_{\log_2 p \text{ 項}}$$

$$= p\mathcal{T}(1) + cp\log_2 p$$

$$= O(p) + O(p\log p) = O(p\log p) = O(n\log n).$$

□

問題とその問題を解くためのアルゴリズムの評価に関する基本的な考え方は理解できたであろうか．次章では，グラフとネットワークに関する基本的なアルゴリズムのいくつかを紹介する．

## 演習問題 2

1. $f(n) = O(g(n))$ であり $g(n) = O(h(n))$ であるならば，$f(n) = O(h(n))$ であることを示せ．ただし，$g(n)$ と $h(n)$ は任意の $n$ に対して値が正である正値関数とする．
2. $f(n) = O(s(n))$ であり $g(n) = O(t(n))$ であるとする．ただし，$f(n), g(n), s(n), t(n)$ は任意の $n$ に対して値が正である正値関数とする．$f(n) + g(n) = O(s(n) + t(n))$ であること，および $f(n) \cdot g(n) = O(s(n) \cdot t(n))$ であることを示せ．
3. 任意の $\epsilon > 0$ に対して，
$$\log_2 n = o(n^\epsilon)$$
であることを示せ．
4. 以下の関数が多項式オーダでないことを示せ．
   (1) $c^n$ (ただし，$c (> 1)$ は定数)　(2) $n!$
5. 以下の式を示せ．
   (1) $2^n = o(3^n)$　(2) $n! = o(n^n)$　(3) $n! = \omega(2^n)$
6. 以下の関数を漸近的に評価せよ．
   (1) $\sum_{i=1}^{n} i$　(2) $\sum_{i=1}^{n} \frac{i}{2^i}$　(3) $\sum_{i=0}^{n} {}_nC_i$
   (4) $\sum_{i=1}^{n} \frac{1}{i^2}$　(5) $\sum_{i=1}^{n} \frac{1}{i}$　(6) $\sum_{i=1}^{n} \log_2 i$
7. 以下の問題に付随する探索問題と最適化問題を示せ．

**2 部グラフ判定問題 (BG)**

　入力：グラフ $G$

　質問：$G$ は 2 部グラフか．

**3 彩色判定問題 (3-COL)**

　入力：グラフ $G$

　質問：$\chi(G) \leq 3$ か．

**8.** 以下の最適化問題に付随する判定問題と探索問題を示せ．

**彩色数問題**

　入力：グラフ $G$

　質問：$\chi(G)$ を求めよ．

**9.** $n$ 点から成り，各点の次数がある定数で制限されているグラフの隣接リストの大きさは $\Theta(n)$ であることを示せ．

**10.** アルゴリズム **2-3** (併合整列アルゴリズム，70 ページ) の 2 分決定木を示せ．ただし，入力の大きさは 3 とする．

**11.** 整列問題を解く以下のアルゴリズムに関する下の問に答えよ．ただし，入力 $X = (x_1, x_2, \ldots, x_n)$ の $x_i$ は配列 $A[1:n]$ の $A[i]$ に格納されているものとする ($n \geq 2$)．

　入力：整数の配列 $A[1:n]$

　出力：整数の配列 $A[1:n]$

　**ステップ 0**：$j = n$ とする．

　**ステップ 1**：$i = 1$ とする．

　**ステップ 2**：$A[i] > A[i+1]$ ならば，$A[i]$ の値と $A[i+1]$ の値を交換する．

　**ステップ 3**：$i < j - 1$ ならば，$i = i + 1$ としてステップ 2 に戻る．

　**ステップ 4**：$j = 2$ ならば，$A[1:n]$ を出力して終了する．

　**ステップ 5**：$j = j - 1$ として，ステップ 1 に戻る． ∎

(1) このアルゴリズムの時間計算量は $O(n^2)$ であることを示せ．

(2) 各 $j$ に対して，ステップ 2 と 3 の繰り返しが終了した時点で，$A[j]$ は $j$ 番目に小さい整数であることを証明して，このアルゴリズムの正当性を示せ．

# 第 3 章

# グラフのアルゴリズム

本章では，電子情報通信工学などでよく用いられるグラフとネットワークに関連する基本的なアルゴリズムとして，3-1 節で探索アルゴリズムを，3-2 節で最短路アルゴリズムを，3-3 節で最大全域木アルゴリズムをそれぞれ紹介する．

## 3-1 探索アルゴリズム

グラフやネットワークに対する問題を解くためには，グラフの構造に関係なく点や辺に対して処理を行うのではなく，グラフの点や辺を移動しながら問題を解くための処理を行うことが必要とされることが多い．グラフに対する探索アルゴリズムとは，グラフの点や辺のすべてを漏らすことなく訪問(探索)するためのアルゴリズムであり，様々なアルゴリズムに部分として含まれる最も基本的なアルゴリズムの1つである．

### （1） 深さ優先探索アルゴリズム

この節で紹介するグラフの探索アルゴリズムは，ある点を出発点とし未探索の隣接点への移動を次々と繰り返すアルゴリズムである．未探索の隣接点への移動ができない場合には，未探索の隣接点への移動ができるまで辿ってきた経路をいくつか戻る．出発点の隣接点が複数あった場合，その中の1点は出発点の次に探索されるが，その他の点の探索はすぐには行われない．探索された点の隣接点が先に探索される．すなわち，出発点に近い点よりも出発点から離れた点が先に探索されることになる．出発点から離れた点，すなわち，深さ方向

を優先的に探索を行うため，**深さ優先探索** (depth-first search) として知られている．アルゴリズムを次に示す．

■ アルゴリズム 3–1 (深さ優先探索アルゴリズム)

入力：グラフ $G$ (ただし，$|V(G)| = n$, $|E(G)| = m$ とする)
出力：変数 $f(v)$ ($\forall v \in V(G)$),[1] 辺の集合 $X$ ($\subseteq E(G)$)

**ステップ 0**： $f(v) = 0$, $p(v) = v$ ($\forall v \in V(G)$) とし，$X = \emptyset$, $Y = E(G)$ とする．

**ステップ 1**： 点 $r$ を $V(G)$ から任意に選び，$s = r$ とする．

**ステップ 2**： $f(s) = 1$ とする．

**ステップ 3**： $s$ に接続する $Y$ の辺が存在せず $p(s) = s$ ならば，終了する．

**ステップ 4**： $s$ に接続する $Y$ の辺が存在せず $p(s) \neq s$ ならば，$s = p(s)$ として，ステップ 3 に戻る．

**ステップ 5**： $s$ に接続する $Y$ の辺を任意に選ぶ．選んだ辺を $(s,t)$ とし，$Y = Y \setminus \{(s,t)\}$ とする．

**ステップ 6**： $f(t) = 1$ ならば，ステップ 3 に戻る．

**ステップ 7**： $p(t) = s$, $X = X \cup \{(s,t)\}$ とする．

**ステップ 8**： $s = t$ として，ステップ 2 に戻る． ■

アルゴリズム 3–1 において，$f(v)$ は点 $v$ が探索されたとき 1，まだ探索されていないとき 0 となる変数である．また，$p(v)$ は点 $v$ がその点に隣接する点として発見され，探索されたことを表す変数である．ただし，$p(v) = v$ のときは，点 $v$ が出発点であるかまだ未探索であることを意味する．$X$ は点が発見されたときに参照された辺の集合，$Y$ はまだ参照されていない辺の集合である．

[例 3–1] 図 3–1(a) に示すグラフ $G$ にアルゴリズム 3–1 を適用したときの一例を図 3–1(b) に示す．点 $v$ は $f(v) = 0$ のとき細線で，$f(v) = 1$ のとき太線で描かれており，中に付されたラベルは $p(v)$ を表す．ただし，$p(v) = v$ の場合

---

[1] $\forall$ は for all を意味する．すなわち，$\forall v \in V(G)$ は「$V(G)$ に属すすべての点 $v$ に対して」を意味する．

には省略している．網掛けの点はそのときの点 $s$ を表している．太線と細線は，それぞれ $X$ の辺と $Y$ の辺を表し，破線は $E(G) \setminus (X \cup Y)$ の辺を表している．

ステップ 0 が実行された後の状態が図 3–1(b)-1 に，ステップ 1 で点 $a$ が点 $r$ として選ばれ，ステップ 3 を実行する直前の状態が図 3–1(b)-2 に示されている．以降，ステップ 3 を実行する直前の状態が示されている．ステップ 1 での点 $r$ の選択やステップ 5 での辺 $(s,t)$ の選択が異なると，アルゴリズムの動作は異なることに注意しよう． □

アルゴリズム 3–1 のステップ 0，および終了時の出力はそれぞれ $O(n+m)$ 時間，その他のステップはすべて $O(1)$ 時間で実行できる．グラフ $G$ が連結でないとき，すべての点が探索されるわけではないことに注意して各ステップの実行回数を評価すると，ステップ 0, 1，および出力はそれぞれ 1 回，ステップ 2 は各点に対して高々 1 回，ステップ 3 から 4 は各点 $s$ に対してそれぞれ高々 $\deg_G(s)+1$ 回，ステップ 5 から 8 までは高々辺の回数だけそれぞれ繰り返されることが分かる．18 ページの定理 1–3 から $\sum_{v \in V(G)} \deg_G(v) = 2m$ であり，次の定理を得る．

[定理 3–1] アルゴリズム 3–1 は $O(n+m)$ 時間で終了する． □

アルゴリズム 3–1 の出力であるグラフ $G$ の辺集合の部分集合 $X$ により定義される $G$ の部分グラフ $G[X]$ を $T_D$ とする．すなわち，$X$ に属す辺の端点からなる集合を点集合とし，$X$ を辺集合とするグラフである．

[例 3–2] アルゴリズム 3–1 を図 3–1(a) に示すグラフ $G$ に適用したときに得られる $T_D \; (= G[X])$ は，図 3–1(b)-15 に示す太線の点と辺から成るグラフである． □

[定理 3–2] アルゴリズム 3–1 をグラフ $G$ に適用したとき得られる $E(G)$ の部分集合 $X$ により定義される $G$ の部分グラフ $T_D \; (= G[X])$ は木である．

証明：$T_D$ の任意の点 $v_0$ に対して，$v_{i+1} = p(v_i)$ となる点の系列 $v_0, v_1, v_2, \ldots$ を $v_i = p(v_i)$ となるまで作る．定義から，この系列は点 $r$ で終る．また，任意

(a) グラフ $G$

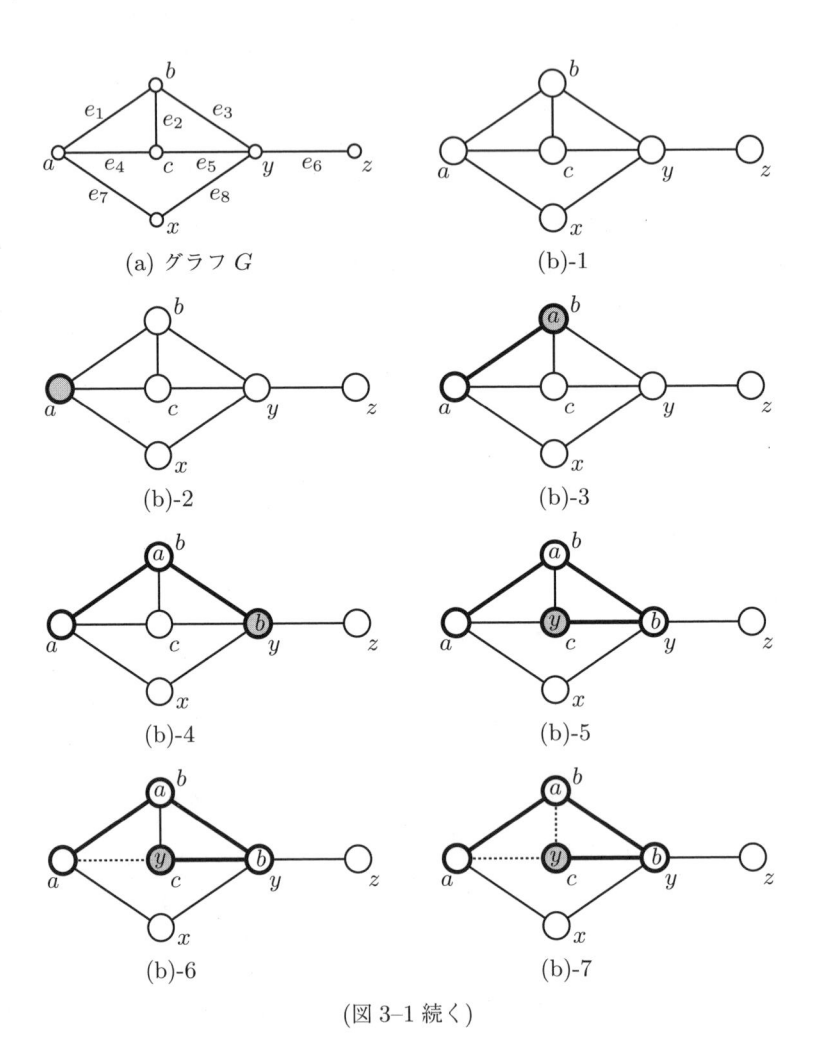

(b)-1

(b)-2

(b)-3

(b)-4

(b)-5

(b)-6

(b)-7

(図 3–1 続く)

(b)-8

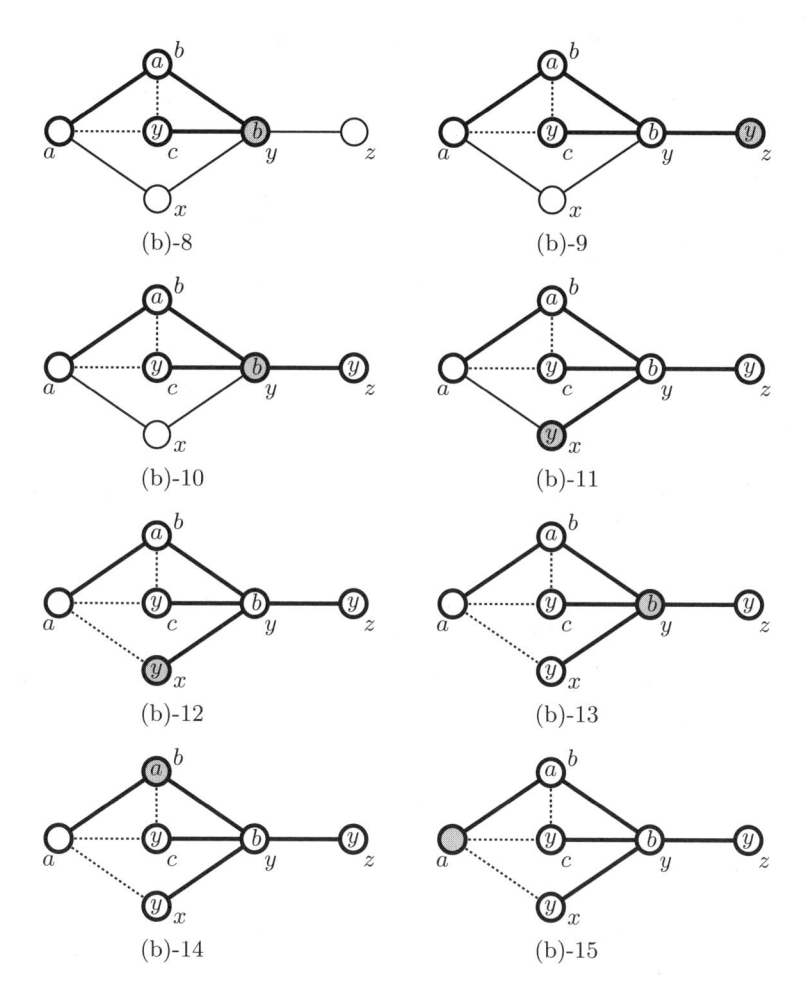

(b)-9

(b)-10

(b)-11

(b)-12

(b)-13

(b)-14

(b)-15

図 3–1　アルゴリズム 3–1 の実行例

の $i$ ($\geq 0$) に対して, $(v_{i+1}, v_i)$ は $T_D$ の辺である. したがって, $T_D$ には $(v_0, r)$ 路が存在することが分かる. ゆえに, $T_D$ の任意の2点 $u$ と $v$ には $r$ を経由する $(u, v)$ ウォークが存在する. したがって, 11ページの定理1-1より $(u, v)$ 路が存在するので, $T_D$ は連結である. また, $T_D$ の辺集合は, $T_D$ の $r$ を除く任意の点 $v$ に対して, $(p(v), v)$ と表現される集合であるから, $T_D$ の辺数は $T_D$ の点数より1だけ小さい. ゆえに, 24ページの例題1-6から, $T_D$ は木であることが分かる. □

アルゴリズム3-1より得られる $T_D$ は深さ優先探索により得られる木であるので, **DFS木** (DFS tree) という. また, 次の例題で示すように, DFS木 $T_D$ は, グラフ $G$ が2点以上から成る連結グラフであるとき $G$ の全域木となる.

[例題3-1] アルゴリズム3-1を用いて, グラフ $G$ が連結であるか否かを線形時間で判定できることを示せ.

**解**: $G$ が連結であるための必要十分条件は, アルゴリズム終了後にすべての点 $v$ ($\in V(G)$) に対して $f(v) = 1$ であることを示す.

まず, $G$ が連結であるとする. このとき, このアルゴリズム終了後も $f(u) = 0$ である点 $u$ が存在するならば, アルゴリズム終了後に $f(x) = 1$ である点 $x$ と $f(y) = 0$ である点 $y$ で, $(x, y) \in E(G)$ となる点対が存在する. しかし, $f(y) = 0$ であるから, $s = x$ のときにステップ7で $(x, y)$ は辺の集合 $X$ に加えられ, $s = y$ のときにステップ2で $f(y) = 1$ となるはずであり, アルゴリズム終了後に $f(y) = 0$ であることに反する. したがって, $G$ が連結ならば, アルゴリズム終了後にすべての点 $v$ に対して $f(v) = 1$ である.

次に, アルゴリズム終了後にすべての点 $v$ に対して $f(v) = 1$ であるとする. $G$ が1点から成るとすると $G$ は連結なので, $G$ が2点以上から成る場合を考える. このとき, $f(v) = 1$ である点 $v$ は $X$ に属す辺の端点であるので, DFS木 $T_D$ に含まれる. したがって, $T_D$ は $G$ の全域部分グラフであり, また, 定理3-2より $T_D$ は木であるので, $T_D$ は $G$ の全域木である. さらに, $G$ に全域木 $T_D$ が存在するので, 23ページの定理1-7から $G$ は連結であることが分かる.

以上により, $G$ が連結であるための必要十分条件は, アルゴリズム終了後に

すべての点 $v$ に対して $f(v) = 1$ であることであると分かる．定理 3–1 より**アルゴリズム 3–1** の時間計算量は線形オーダであり，**アルゴリズム 3–1** を $G$ に適用した後，すべての点 $v$ に対して $f(v) = 1$ であるか否かを線形時間で調べることで，$G$ が連結であるか否かを線形時間で判定できることが分かる．□


**スタック利用深さ優先探索アルゴリズム**

深さ優先探索では，未探索の隣接点が存在しない場合に，別の未探索点を探索するために辿ってきた経路をいくつか戻らなければならない．**アルゴリズム 3–1** では，変数 $p(v)$ を用いることで辿ってきた経路を戻る操作を実現しているが，この操作は**スタック** (stack) というデータ構造を用いても実現できる．スタックには，データのスタックの先頭への追加と，スタックの先頭のデータの取り出しという，それぞれ定数時間で実行できる 2 つの操作が定義される．スタックを利用した深さ優先探索アルゴリズムを次に示す．

■ **アルゴリズム 3–2** (深さ優先探索アルゴリズム (スタック利用))

入力：グラフ $G$ (ただし，$|V(G)| = n$, $|E(G)| = m$ とする)
出力：変数 $f(v)$ ($\forall v \in V(G)$)，辺の集合 $X$ ($\subseteq E(G)$)

ステップ 0： $f(v) = 0$ ($\forall v \in V(G)$) とし，$X = \emptyset$, $Y = E(G)$ とする．
ステップ 1： 点 $r$ を $V(G)$ から任意に選び，$s = r$ とする．
ステップ 2： $f(s) = 1$ とする．
ステップ 3： $s$ に接続する $Y$ の辺をすべてスタックに追加し，追加した辺を $Y$ から削除する．
ステップ 4： スタックが空ならば終了する．
ステップ 5： スタックの先頭の辺を取り出す．取り出した辺を $(u, t)$ とする．
ステップ 6： $f(t) = 1$ ならば，ステップ 4 に戻る．
ステップ 7： $X = X \cup \{(u, t)\}$ とする．
ステップ 8： $s = t$ として，ステップ 2 に戻る． ■

82　第 3 章　グラフのアルゴリズム

[例 3–3]　図 3–1(a) に示すグラフ $G$ にアルゴリズム 3–2 を適用したときの一例を図 3–2 に示す．各図の右上はスタックの状態を表す．$f(v) = 0$ の点は細線で，$f(v) = 1$ の点は太線で描かれている．網掛けの点はそのときの点 $s$ を表している．太線と細線は，それぞれ $X$ の辺と $Y$ の辺を表し，破線は $E(G) \setminus (X \cup Y)$ の辺を表している．

ステップ 1 で点 $a$ が点 $r$ として選ばれ，ステップ 3 で $a$ に接続する 3 つの辺がスタックに追加され，ステップ 4 を実行する直前の状態が図 3–2(1) に示されている．図 3–2(2) には，その後，ステップ 5 で辺 $(a,b)$ がスタックから取り出され，ステップ 3 で点 $b$ に接続する 2 つの辺がスタックに追加され，ステップ 4 を実行する直前の状態が示されている．以降，ステップ 4 を実行する直前の状態が示されている．ただし，一部省略されている．アルゴリズム 3–1 と同じ順序で $E(G)$ に属す辺が参照され，同じ順序で辺の集合 $X$ に辺が追加されていることを確かめてみよう．　　□

　スタックの動作は，机 (スタック) の上に本 (データ) が積み重なった状態を想像すれば分かりやすいだろう．このような状態では，一番上にさらに本を追加するか，一番上の本を取り除くことしかできない．後から追加したデータを先に取り出すスタックの性質は，**後入れ先出し** (last-in first-out，LIFO) といわれる．

　アルゴリズム 3–2 の時間計算量について考えよう．アルゴリズム 3–2 のステップ 0，および終了時の出力はそれぞれ $O(n + m)$ 時間，ステップ 3 は $O(\deg_G(s))$ 時間，他のステップはすべて $O(1)$ 時間で実行できる．ステップ 0，1，および出力はそれぞれ 1 回，ステップ 2，3 はそれぞれ高々点数回，ステップ 4 は辺数 +1 回，ステップ 5 から 8 はそれぞれ高々辺数回実行される．以上のことから，定理 3–1 と同様に次の定理を得る．

[定理 3–3]　アルゴリズム 3–2 は $O(n+m)$ 時間で終了する．　　□

　アルゴリズム 3–2 の時間計算量はアルゴリズム 3–1 と同じであり，DFS 木をアルゴリズム 3–2 においても同様に定義できるなど，アルゴリズム 3–2 とアルゴリズム 3–1 との間に本質的な違いは存在しないことに注意しよう．

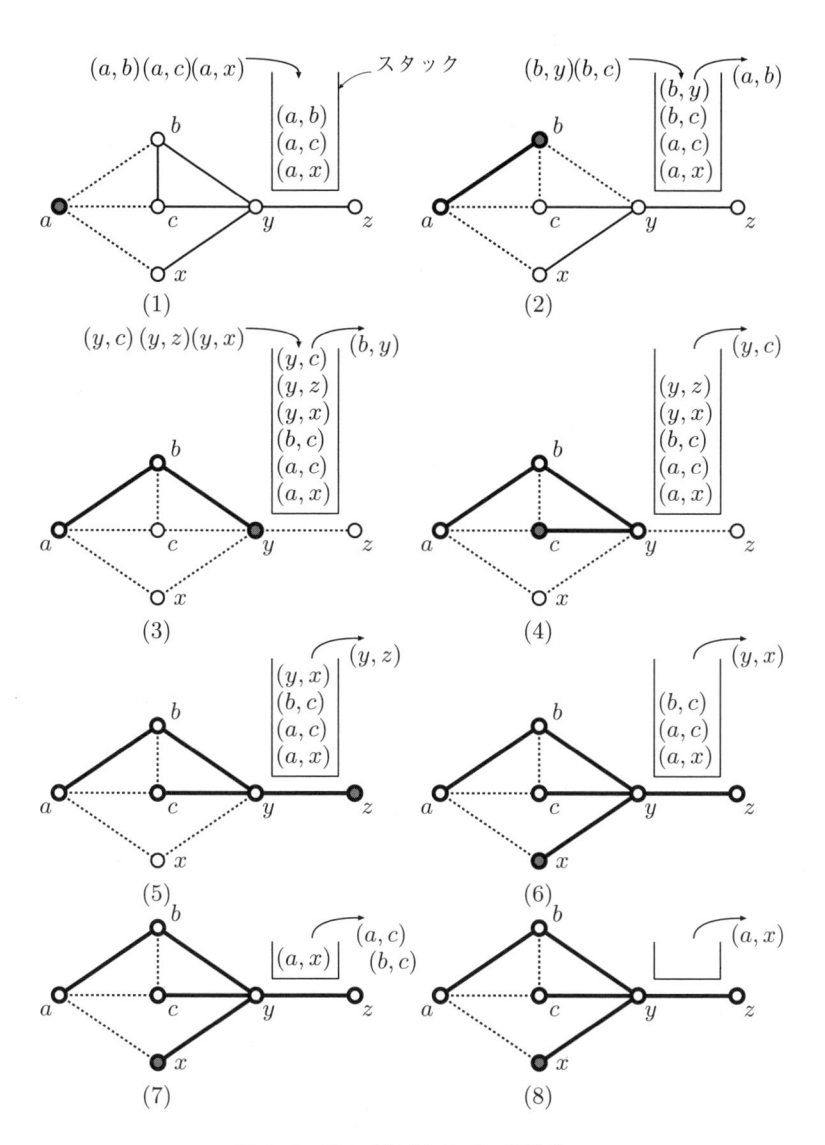

図 3-2 アルゴリズム 3-2 の実行例

## 前順序番号と後順序番号

深さ優先探索を利用して,各点に異なる番号を与えることができる.深さ優先探索によって点 $v$ が発見された順序を表す $k(v)$ と,点 $v$ に隣接するすべての辺の参照が終った順序を表す $k'(v)$ の 2 つの番号を各点に与えるようにアルゴリズム 3–1 を修正したアルゴリズムを次に示す.

### ■ アルゴリズム 3–3 (順序番号付けアルゴリズム)

入力:グラフ $G$ (ただし,$|V(G)| = n$, $|E(G)| = m$ とする)
出力:前順序番号 $k(v)$, 後順序番号 $k'(v)$ ($\forall v \in V(G)$)

**ステップ 0**: $f(v) = 0$, $p(v) = v$, $k(v) = 0$, $k'(v) = 0$ ($\forall v \in V(G)$) とし,$X = \emptyset$, $Y = E(G)$, $i = 1$, $j = 1$ とする.

**ステップ 1**: 点 $r$ を $V(G)$ から任意に選び,$s = r$ とする.

**ステップ 2**: $f(s) = 1$, $k(s) = i$, $i = i + 1$ とする.

**ステップ 3**: $s$ に接続する $Y$ の辺が存在せず $p(s) = s$ ならば,$k'(s) = j$ として,終了する.

**ステップ 4**: $s$ に接続する $Y$ の辺が存在せず $p(s) \neq s$ ならば,$k'(s) = j$, $j = j + 1$, $s = p(s)$ として,ステップ 3 に戻る.

**ステップ 5**: $s$ に接続する $Y$ の辺を任意に選ぶ.選んだ辺を $(s, t)$ とし,$Y = Y \setminus \{(s, t)\}$ とする.

**ステップ 6**: $f(t) = 1$ ならば,ステップ 3 に戻る.

**ステップ 7**: $p(t) = s$, $X = X \cup \{(s, t)\}$ とする.

**ステップ 8**: $s = t$ として,ステップ 2 に戻る. ■

アルゴリズム 3–3 で定義される写像 $k$ を**前順序番号付け** (preorder numbering) といい,$k(v)$ を点 $v$ の**前順序番号** (preorder number) という.同様に,写像 $k'$ を**後順序番号付け** (postorder numbering) といい,$k'(v)$ を点 $v$ の**後順序番号** (postorder number) という.

[例 3–4] 図 3–1(a) に示すグラフ $G$ にアルゴリズム 3–3 を適用して得られる順序番号付けを図 3–3 に示す.辺の参照の順序は図 3–1(b) と同じである

とする．点 $v$ の中に付された左の数字と右の数字は，それぞれ $v$ の前順序番号 $k(v)$ と後順序番号 $k'(v)$ を表す． □

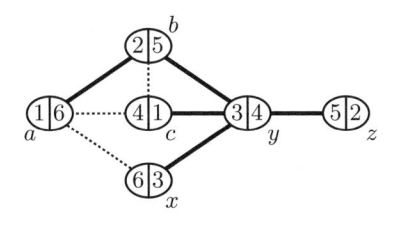

図 3–3　アルゴリズム 3–3 の実行例

例題 3–1 で示したように，グラフ $G$ が連結ならば，アルゴリズム終了後にすべての点 $v$ $(\in V(G))$ に対して $f(v) = 1$ である．同様に，グラフ $G$ が連結ならば，アルゴリズム終了後にすべての点 $v$ に対して $k(v) \neq 0$ であり，$k'(v) \neq 0$ である．また，アルゴリズム終了後に $f(v) = 0$ である点 $v$ に対しては $k(v) = k'(v) = 0$ となる．

各点に前順序番号や後順序番号を付けるためにアルゴリズム 3–1 に操作を追加したが，アルゴリズム 3–3 の各ステップの時間計算量はアルゴリズム 3–1 と同じであり，各ステップの実行回数もアルゴリズム 3–1 と同じである．したがって，アルゴリズム 3–3 の時間計算量はアルゴリズム 3–1 と同じであることが分かる．したがって，定理 3–1 より次の定理を得る．

[定理 3–4]　アルゴリズム 3–3 は $O(n + m)$ 時間で終了する． □

各点に前順序番号や後順序番号を付ける代わりに各点に対する処理を定義したり，参照した各辺に対する処理を付け加えることで，深さ優先探索を様々な用途に用いることができる．

(2)　幅優先探索アルゴリズム

この節で紹介するグラフの探索アルゴリズムは，ある点を出発点とし出発点に近い点から順に探索を行うアルゴリズムである．深さ方向を優先する深さ優先探索に対して，幅方向を優先するため**幅優先探索** (breadth-first search) と

して知られている．アルゴリズムを次に示す．

■ **アルゴリズム 3–4** (幅優先探索アルゴリズム)

入力：グラフ $G$ (ただし，$|V(G)| = n$, $|E(G)| = m$ とする)
出力：変数 $f(v)$ ($\forall v \in V(G)$)

**ステップ 0：** $f(v) = 0$ ($\forall v \in V(G)$) とする．
**ステップ 1：** 点 $r$ を $V(G)$ から任意に選び，$f(r) = 1$ とする．
**ステップ 2：** $f(v) = 1$ である点 $v$ に隣接し，$f(v') = 0$ である点 $v'$ をすべて求める．そのような点が存在しなければ，終了する．
**ステップ 3：** ステップ 2 で求めたすべての点 $v'$ に対して $f(v') = 1$ とし，ステップ 2 に戻る．■

アルゴリズム 3–4 の時間計算量について考えよう．ステップ 0 は $O(n)$ 時間，ステップ 1 は $O(1)$ 時間で実行でき，それぞれ 1 回実行される．ステップ 3 では $O(1)$ 時間の操作を各点に対し高々 1 回実行する．これらの時間計算量は全体で $O(n)$ である．ステップ 2 について考える．ステップ 2 で各点に対して $f(v) = 1$ であるかどうかを調べる操作を行うとすると，1 回の実行に $\Omega(n)$ 時間が必要である．また，各隣接点 $v'$ に対して $f(v')$ を調べ，必要ならば $f(v')$ を変更するという操作を全点について行うとすると，18 ページの定理 1–3 から $O(m)$ 時間となる．ステップ 2 は $n - 1$ 回実行される可能性があるのでステップ 2 の時間計算量は全体で $O(n(n + m))$ と評価できる．

しかし，ある点 $v$ に対して隣接点の $f(v')$ を調べる操作は，$f(v)$ が 0 から 1 に書き換えられた直後に 1 回行えばよい．隣接点を調べる操作が必要かどうかを示す変数を各点に対して用意することもできるが，ステップ 2 を実行するたびに各点の変数を参照したのではステップ 2 の 1 回の実行には $\Omega(n)$ 時間必要となり，時間計算量の改善は小さい．したがって，操作を必要とする点を集合として扱うなどの工夫が必要であり，次にその方法を紹介する．

### 待ち行列利用幅優先探索アルゴリズム

以下では,操作を必要とする点を**待ち行列** (queue) というデータ構造を用いて記憶することを考える.待ち行列には,データの待ち行列の後尾への追加と,待ち行列の先頭のデータの取り出しというそれぞれ定数時間で実行できる 2 つの操作が定義される.待ち行列とスタックとの違いは,取り出すことのできるデータが最初に追加したデータであるか,最後に追加したデータであるかの違いである.先に追加したデータを先に取り出す待ち行列の性質は,**先入れ先出し** (first-in first-out, FIFO) といわれる.

次に示す待ち行列を用いた幅優先探索アルゴリズムは,**アルゴリズム 3–2** (深さ優先探索アルゴリズム (スタック利用)) のスタックを待ち行列に置き換えたアルゴリズムである.

■ **アルゴリズム 3–5 (幅優先探索アルゴリズム (待ち行列利用))**

入力:グラフ $G$ (ただし,$|V(G)| = n$,$|E(G)| = m$ とする)
出力:変数 $f(v)$ ($\forall v \in V(G)$),辺の集合 $X$ ($\subseteq E(G)$)

ステップ 0: $f(v) = 0$ ($\forall v \in V(G)$) とし,$X = \emptyset$,$Y = E(G)$ とする.
ステップ 1: 点 $r$ を $V(G)$ から任意に選び,$s = r$ とする.
ステップ 2: $f(s) = 1$ とする.
ステップ 3: $s$ に接続する $Y$ の辺をすべて待ち行列に追加し,追加した辺を $Y$ から削除する.
ステップ 4: 待ち行列が空ならば終了する.
ステップ 5: 待ち行列の先頭の辺を取り出す.取り出した辺を $(u, t)$ とする.
ステップ 6: $f(t) = 1$ ならば,ステップ 4 に戻る.
ステップ 7: $X = X \cup \{(u, t)\}$ とする.
ステップ 8: $s = t$ として,ステップ 2 に戻る. ■

[**例 3–5**] 図 3–1(a) のグラフ $G$ に**アルゴリズム 3–5** を適用したときの一例を図 3–4 に示す.各図の右上は待ち行列の状態を表す.$f(v) = 0$ の点は細線で,$f(v) = 1$ の点は太線で描かれている.網掛けの点はそのときの点 $s$ を表してい

る．太線と細線は，それぞれ $X$ の辺と $Y$ の辺を表し，破線は $E(G) \setminus (X \cup Y)$ の辺を表している．

ステップ1で点 $a$ が点 $r$ として選ばれ，ステップ3で $a$ に接続する3つの辺が待ち行列に追加され，ステップ4を実行する直前の状態が図3-4(1) に示されている．図3-4(2) には，その後，ステップ5で辺 $(a,b)$ が待ち行列から取り出され，ステップ3で点 $b$ に接続する2つの辺が待ち行列に追加され，ステップ4を実行する直前の状態が示されている．以降，ステップ4を実行する直前の状態が示されている．ただし，一部省略されている．アルゴリズム3-2とは，辺を参照する順序が異なることを確かめてみよう．□

アルゴリズム3-2とアルゴリズム3-5の違いは，スタックと待ち行列の違いのみである．スタックと待ち行列の各操作はともに $O(1)$ 時間で実行できるので，両者の違いはデータの処理の順序のみである．したがって，両者の時間計算量は明らかに同じであるので，定理3-3より次の定理を得る．

[定理 3-5] アルゴリズム3-5は $O(n+m)$ 時間で終了する．□

アルゴリズム3-4では，ステップ2の操作をどのように行うかで時間計算量の評価は異なる．しかし，待ち行列を用いるなど比較的簡単な方法でステップ2全体の操作を $O(m)$ 時間で行うことができるので，アルゴリズム3-4の時間計算量も $O(n+m)$ と評価することにする．

#### 距離ラベル付けアルゴリズム

アルゴリズム3-3 (順序番号付けアルゴリズム) では，深さ優先探索を用いて，各点に前順序番号や後順序番号が付けられることを示した．以下では，幅優先探索を用いて，ある点からの距離と等しいラベルを各点に付けるアルゴリズムを示す．

■ アルゴリズム 3-6 (距離ラベル付けアルゴリズム)

入力：グラフ $G$ (ただし，$|V(G)| = n$, $|E(G)| = m$ とする)
出力：ラベル $\lambda(v)$ ($\forall v \in V(G)$)

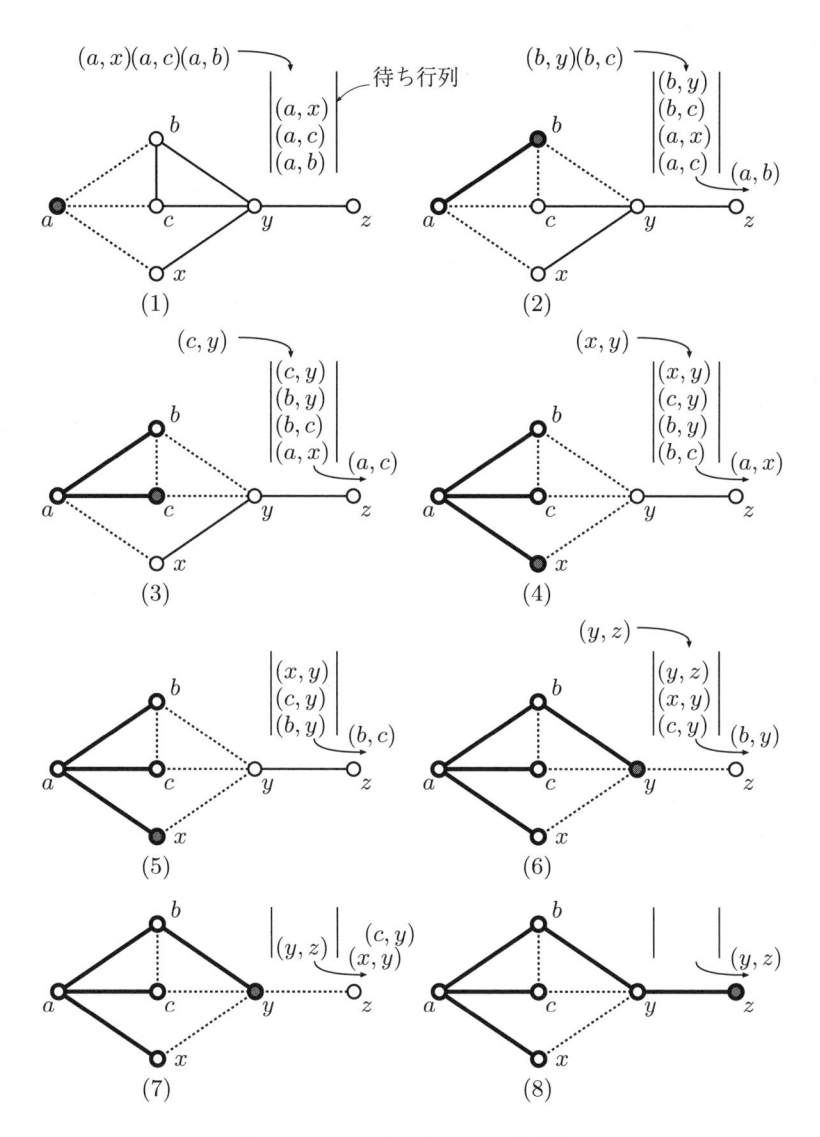

図 3–4 アルゴリズム 3–5 の実行例

**ステップ 0 :** $\lambda(v) = \infty$ $(\forall v \in V(G))$ とし,$i = 0$ とする.
**ステップ 1 :** 点 $r$ を $V(G)$ から任意に選び,$\lambda(r) = 0$ と変更する.
**ステップ 2 :** $\lambda(v) = i$ である点 $v$ に隣接し,$\lambda(v') = \infty$ である点 $v'$ をすべて求める.そのような点が存在しなければ,終了する.
**ステップ 3 :** ステップ 2 で求めたすべての点 $v'$ に対して $\lambda(v') = i+1$ と変更する.$i = i+1$ として,ステップ 2 に戻る. ■

**[例 3–6]** 図 3–1(a) のグラフ $G$ に**アルゴリズム 3–6** を適用したときの一例を図 3–5 に示す.**アルゴリズム 3–4** では,各点 $v$ に対して変数 $f(v)$ を用いたが,**アルゴリズム 3–6** では,$f(v)$ の代わりに変数 $\lambda(v)$ を点のラベルとして用いている.各点 $v$ の中に付された数字はその点のラベル $\lambda(v)$ である.

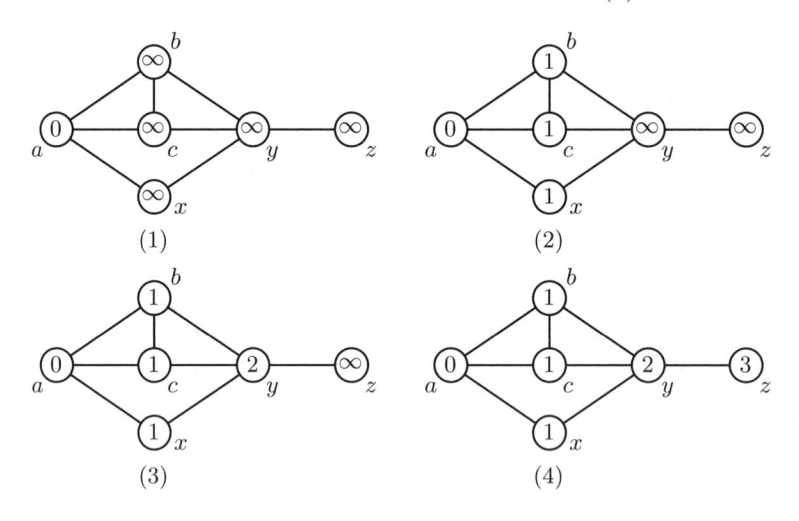

図 **3–5** アルゴリズム **3–6** の実行例

ステップ 1 で点 $a$ が点 $r$ として選ばれ,ステップ 2 を実行する直前の状態が図 3–5(1) に示されている.以降,ステップ 2 を実行する直前の状態が示されている.  □

このアルゴリズムの動作は,ラベル $\lambda(v)$ の与え方を除き**アルゴリズム 3–4** の動作と同じであり,時間計算量は $O(n+m)$ と評価できる.

[定理 3–7]　アルゴリズム 3–6 は $O(n+m)$ 時間で終了する．　　□

アルゴリズム 3–6 では，ステップ 0 ですべての点に無限大を表すラベル $\infty$ を付け，その後，ステップ 1 と 3 で点のラベルを有限の値に付け替える．アルゴリズム 3–6 で各点に与えられるラベルは点 $r$ からの距離に等しいことを次に示す．

[定理 3–7]　アルゴリズム 3–6 をグラフ $G$ に適用したときに，各点 $v$ ($v \in V(G)$) に与えられるラベル $\lambda(v)$ は点 $r$ からの距離 $\mathbf{dis}_G(r,v)$ に等しい．

**証明：** まず，点 $v$ に無限大のラベルが与えられた場合について $\lambda(v) = \mathbf{dis}_G(r,v)$ であることを示す．このとき，点 $r$ と点 $v$ を結ぶ路が存在するならば，アルゴリズム終了後にラベルの値が有限である点 $x$ と無限大である点 $y$ で，$(x,y) \in E(G)$ となる点対が存在する．しかし，$\lambda(x) = i$ とすると，ステップ 2 で $\lambda(y) = \infty$ である $y$ を求め，ステップ 3 で $\lambda(y) = i+1$ とラベルを付け替えるはずである．したがって，$r$ と $v$ を結ぶ路は存在しない．路で結ばれていない点間の距離は $\infty$ と定義したので，点 $v$ のラベル $\lambda(v) = \infty$ は $r$ からの距離に等しいことが分かる．

次に，点 $v$ に有限の値のラベルが与えられた場合について $\lambda(v) = \mathbf{dis}_G(r,v)$ であることを示す．

まず，$\lambda(v) \geq \mathbf{dis}_G(r,v)$ であることを示す．$\lambda(v) = k$ であるとき，$v$ に隣接しラベルが $k-1$ である点 $v_{k-1}$ が存在する．一般に，点 $v_{k-i}$ に隣接しラベルが $k-i-1$ である点 $v_{k-i-1}$ が存在する $(1 \leq i \leq k-1)$．このとき，$v_0 = r$ であり，$(v, v_{k-1}, v_{k-2}, \ldots, v_0)$ は $v$ と $r$ を結ぶ長さ $k$ の路である．したがって，$\lambda(v) = k \geq \mathbf{dis}_G(r,v)$ を得る．

次に，$\lambda(v) = \mathbf{dis}_G(r,v)$ であることを $\mathbf{dis}_G(r,v)$ に関する数学的帰納法で示す．$\mathbf{dis}_G(r,v) = 0$ のとき，すなわち，$v = r$ のときには，$\lambda(r) = 0$ であるから $\lambda(r) = \mathbf{dis}_G(r,r)$ であることが分かる．そこで $\mathbf{dis}_G(r,u) < d$ である任意の点 $u$ に対しては，$\lambda(u) = \mathbf{dis}_G(r,u)$ であると仮定し，$\mathbf{dis}_G(r,v) = d$ であるとき，$\lambda(v) = \mathbf{dis}_G(r,v)$ であることを示す．最短 $(r,v)$ 路において $v$ に隣接する点を $w$ とすると，$\mathbf{dis}_G(r,w) = d-1$ である．したがって，帰納法の仮

定から，$\lambda(w) = d-1$ であることが分かる．また，ラベルが有限の値である場合の前半の議論から，$\lambda(v) < d$ ならば $\mathbf{dis}_G(r,v) < d$ となり仮定に反するので，$\lambda(v) \geq d$ である．したがって，このアルゴリズムの $i = d-1$ のとき $\lambda(v) = \infty$ であり，ステップ 2 で $\lambda(v) = d$ と付け替えられることが分かる．ゆえに，$\lambda(v) = \mathbf{dis}_G(r,v)$ である． □

[**例題 3–2**]　アルゴリズム **3–6** を用いて，グラフ $G$ が連結であるか否かを線形時間で判定できることを示せ．

**解**：定理 3–7 から点 $r$ と路で結ばれている任意の点には距離と等しい有限のラベルが与えられる．したがって，$G$ が連結であるための必要十分条件は，このアルゴリズムによって各点に有限のラベルが付されることであるということが分かる．ゆえに，このアルゴリズムを用いてグラフ $G$ が連結であるか否かを線形時間で判定することができる． □

## 3–2　最短路アルゴリズム

　本節では，ネットワークの最短路を求める問題について考える．また，関連してネットワークの最長路を求める問題について考える．

### (1)　最短路アルゴリズム

　入力がグラフであるならば，すなわち，辺の重みがすべて 1 であるならば，前節の**アルゴリズム 3–6** (距離ラベル付けアルゴリズム) で，ある点からの距離を求めることができる．したがって，**アルゴリズム 3–6** のステップ 1 で点 $u$ を選び，点 $v$ のラベル $\lambda(v)$ が有限の値であるとき，対応する経路を出力とすれば最短 $(u,v)$ 路が得られる．しかし，各辺の重みが異なる場合には**アルゴリズム 3–6** で最短路を得ることは必ずしもできない．

　本節では，辺の重みが非負であるとき，ネットワークの最短路を求める問題を考える．ここで扱う最適化問題は次のように記述できる．

## 最短路問題

入力：連結グラフ $G$, 重み関数 $w: E(G) \to \mathcal{R}^+$, 2点 $a, b \,(\in V(G))$
質問：ネットワーク $(G, w)$ の最短 $(a, b)$ 路を1つ示せ．

ここでは，ダイクストラ (Dijkstra) のアルゴリズムとしてよく知られている最短路問題を解く多項式時間アルゴリズムを紹介する．ここでは，辺 $(u, v)$ $(\in E(G))$ の重みを $w(u, v)$ と表している．$(u, v) \notin E(G)$ であるときには $w(u, v) = \infty$ である．

■ **アルゴリズム 3–7 (最短路アルゴリズム (ダイクストラ))**

入力：連結グラフ $G$, 重み関数 $w: E(G) \to \mathcal{R}^+$, 2点 $a, b \,(\in V(G))$
(ただし, $|V(G)| = n$, $|E(G)| = m$ とする)
出力：ネットワーク $(G, w)$ の最短 $(a, b)$ 路

**ステップ0**：$\lambda(v) = \infty$, $p(v) = v \,(\forall v \in V(G))$ とし，$X = \emptyset$, $Y = V(G)$ とする．
**ステップ1**：$\lambda(a) = 0$ とする．$s = a$ とする．
**ステップ2**：$X = X \cup \{s\}$, $Y = Y \setminus \{s\}$ とする．
**ステップ3**：$s = b$ ならば，$(a, \ldots, p(p(b)), p(b), b)$ を出力して終了する．
**ステップ4**：すべての点 $v \,(\in Y)$ に対して，
$$\lambda(v) = \min\{\lambda(v), \lambda(s) + w(s, v)\}$$
とする．このとき，第2項の方が小さいならば，$p(v) = s$ とする．
**ステップ5**：$\lambda(s) = \min\{\lambda(v) \mid v \in Y\}$ となる $s$ を求め，ステップ2に戻る． ■

[例 3–7] 図3-6は，(1) に示すネットワークにアルゴリズム3–7を適用して，最短 $(a, b)$ 路を求めるときの様子を示している．点 $v$ の中に付された左の数字と右のラベルは，それぞれ $\lambda(v)$ と $p(v)$ を表す．ただし，$p(v) = v$ の場合には省略している．網掛けの点は $X$ に属していることを，太線の点はそのときの $s$ をそれぞれ表している．太線の辺はその辺によって隣接点の $\lambda$ が決まった

ことを表す．(2)〜(6) はそれぞれステップ2を実行した直後の状態を表す．求められた最短 $(a,b)$ 路は (6) の $a$ から $b$ への太線の辺による路でその重みは 8 である． □

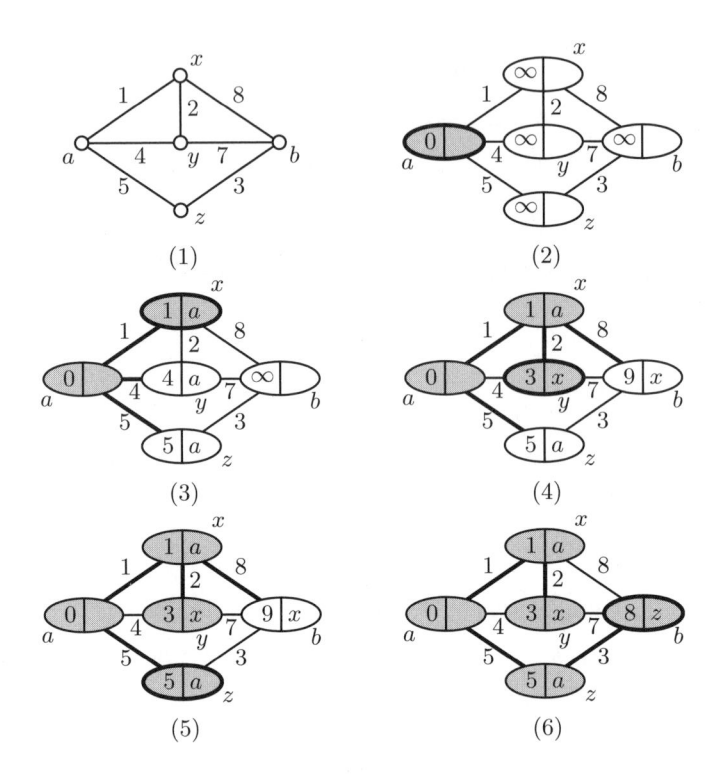

図 3–6 アルゴリズム 3–7 の実行例

[定理 3–8] アルゴリズム 3–7 は最短路問題を $O(n^2)$ 時間で解く．

証明：まず，アルゴリズム 3–7 の時間計算量を解析する．ステップ 0, 1 はそれぞれ $O(n)$, $O(1)$ 時間で実行できる．ステップ 2 は $O(1)$ 時間で，ステップ 3 は出力を除き $O(1)$ 時間で実行できる．ステップ 2, 3 はそれぞれ高々 $n$ 回実行され，ステップ 3 の出力は最後に 1 回 $O(n)$ 時間で実行できる．したがって，これらステップの時間計算量は全体で $O(n)$ である．ステップ 4, 5 について考える．$|Y|=i$ であるときにステップ 4 で実行される加算と比較の回数はそれ

ぞれ $i$ であり，ステップ 5 で実行される比較の回数は $i-1$ である．

$$\sum_{i=1}^{n} i = O(n^2)$$

であるので，ステップ 4, 5 の時間計算量は全体で $O(n^2)$ であることが分かる．したがって，**アルゴリズム 3–7** の時間計算量は $O(n^2)$ であることが分かる．

次に，**アルゴリズム 3–7** の正当性を証明する．すなわち，$N=(G,w)$ としたとき，任意の点 $v\,(\in X)$ に対して $\lambda(v)=\mathbf{dis}_N(a,v)$ であり，点 $a$ と点 $v$ を結ぶ重みが $\lambda(v)$ である $N$ の最短 $(a,v)$ 路が得られることを示す．

まず，任意の点 $v\,(\in V(G))$ に対して，$\lambda(v)$ の値が有限ならば $a$ と $v$ を結ぶ重みが $\lambda(v)$ の路が得られることを示す．$v$ から点 $p(v)$ へ，$p(v)$ から点 $p(p(v))$ へと順に辿ると $a$ に到達する．したがって，この経路を逆に辿ると $a$ と $v$ を結ぶ重みが $\lambda(v)$ の路が得られる．また，

$$\lambda(v) \geq \mathbf{dis}_N(a,v)$$

であることが分かる．

次に，任意の点 $c\,(\in X)$ に対して，$\lambda(c)=\mathbf{dis}_N(a,c)$ であることを，点が点の集合 $X$ に加えられる順序に関する数学的帰納法で証明する．ステップ 1 から $\lambda(a)=\mathbf{dis}_N(a,a)=0$ である．そこで，点 $c$ より先に $X$ に加えられた任意の点 $v$ に対しては，$\lambda(v)=\mathbf{dis}_N(a,v)$ であると仮定する．ステップ 2 で $c$ が $X$ に加えられる直前の状況について考察する．ステップ 5 で $c$ が選ばれるのであるから，任意の点 $u\,(\in Y)$ に対して，

$$\lambda(c) \leq \lambda(u)$$

である．また，$G$ は連結であるので $\lambda(c)$ の値は有限であり $\lambda(c) \geq \mathbf{dis}_N(a,c)$ である．また，このとき，$a \in X$ であり $c \in Y$ であるから，最短 $(a,c)$ 路には $X$ の点と $Y$ の点を結ぶ辺が存在する．この辺を $(x,y)$ とし，点 $x \in X$ であり点 $y \in Y$ であるとする．なお $x$ と $a$，および $y$ と $c$ は，それぞれ同一であるかもしれないし異なるかもしれない（図 3–7 参照）．このとき，$y \in Y$ であるから $\lambda(c) \leq \lambda(y)$ である．

また，このとき，帰納法の仮定と辺の重みが非負であることから，

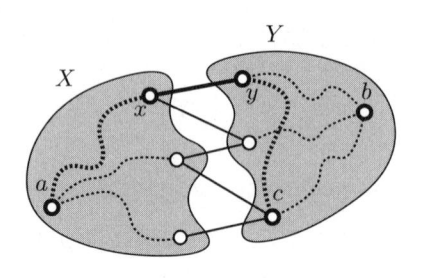

**図 3–7** 最短 $(a,c)$ 路に含まれる辺 $(x,y)$

$$\lambda(y) \leq \lambda(x) + w(x,y) = \mathbf{dis}_N(a,x) + w(x,y) \leq \mathbf{dis}_N(a,c) \quad (3.1)$$

である．したがって，

$$\lambda(c) \leq \lambda(y) \leq \mathbf{dis}_N(a,c) \leq \lambda(c)$$

であるから，$\lambda(c) = \mathbf{dis}_N(a,c)$ であり，$a$ と $c$ を結ぶ重みが $\lambda(c)$ である $N$ の最短 $(a,c)$ 路が得られることが分かる．

以上により，点 $b$ が辺の集合 $X$ に含まれたとき，$\lambda(b) = \mathbf{dis}_N(a,b)$ であり，重みが $\lambda(b)$ である $N$ の最短 $(a,b)$ が得られることが分かる． □

[例題 3–3] 重みが負の辺が存在するとアルゴリズム 3–7 は，正解を出力するとは限らないことをなるべく簡単な反例を用いて示せ．定理 3–8 のアルゴリズムの正当性の証明はどこで破綻するか．

**解：** 図 3–8 に示すネットワーク $N$ においては，$\mathbf{dis}_N(a,b) = 1$ であるが，アルゴリズム 3–7 は 2 を出力する．重みが負の辺がある場合には，路の重みが部分路の重み以上であるとは限らないので，定理 3–8 の証明における式 (3.1) の不等式 $\mathbf{dis}_N(a,x) + w(x,y) \leq \mathbf{dis}_N(a,c)$ が成立しない． □

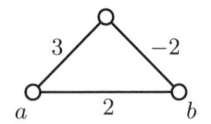

**図 3–8** ネットワーク $N$

## （2） 最長路問題

以上のように，ダイクストラの最短路アルゴリズムによって，辺の重みが非負であるネットワークに対しては最短路は多項式オーダで求められるが，重みが負である辺が存在するネットワークに対しては最短路は必ずしも求められないことが分かった．それでは，重みが負である辺が存在するネットワークに対して最短路は多項式オーダで求められるのであろうか．そのことを議論する前に，ネットワークの 2 点間の最長路を求める最適化問題について考える．ネットワークの**最長路** (longest path) はネットワークにおいて重みが最大の路である．ここで扱う問題は以下のように記述できる．

---
**最長路問題**

入力：連結グラフ $G$，重み関数 $w : E(G) \to \mathcal{R}^+$，2 点 $a, b \ (\in V(G))$
質問：ネットワーク $(G, w)$ の最長 $(a, b)$ 路を 1 つ示せ．

---

この**最長路問題**が解けるならば，**ハミルトングラフ判定問題 (HG)** が解けることを次の例題で示す．

[例題 3–4] グラフ $G$ に対する**ハミルトングラフ判定問題 (HG)** は，**最長路問題**を $|E(G)|$ 回用いて解けることを示せ．

**解**：$G$ において辺 $e \ (\in E(G))$ を含むハミルトン閉路が存在するための必要十分条件は，グラフ $G - \{e\}$ において $e$ の両端点を結ぶハミルトン路が存在することである．したがって，ある辺 $e \ (\in E(G))$ に対して $e$ の両端点を結ぶハミルトン路が $G - \{e\}$ において存在すれば，$G$ はハミルトングラフであり，すべての辺 $e \ (\in E(G))$ に対して $e$ の両端点を結ぶハミルトン路が $G - \{e\}$ において存在しなければ，$G$ はハミルトングラフではない．グラフ $G - \{e\}$ において $e$ の両端点を結ぶハミルトン路が存在するか否かは，各辺 $e' \ (\in E(G) - \{e\})$ の重み $w(e')$ を 1 としたネットワーク $(G - \{e\}, w)$ において，$e$ の両端点間の**最長路問題**を解き，得られた最長路の重みが $|V(G)| - 1$ であるか否かを調べることで判定できる．したがって，**最長路問題**を $|E(G)|$ 回用いることでハミルトングラフ判定問題 **(HG)** は解ける．　□

したがって，**最長路問題**に対する多項式時間アルゴリズムが存在すると，ハミルトングラフ判定問題 (**HG**) に対する多項式時間アルゴリズムが存在することになる．ところが，詳しくは 4–3 節で述べるが，**ハミルトングラフ判定問題 (HG)** に対する多項式時間アルゴリズムは知られていない．したがって，**最長路問題**に対する多項式時間アルゴリズムが存在するか否かは分からないことになる．

それでは，重みが負である辺が存在するネットワークに対する最短路を求める問題を考えよう．まず，すべての辺の重みが正でないネットワーク $N$ を考える．すなわち，$N = (G, w)$ としたとき，すべての辺 $e\ (\in E(G))$ に対して $w(e) \leq 0$ とする．また，$w'(e) = -w(e)\ (e \in E(G))$ としたネットワーク $(G, w')$ を考え，$N' = (G, w')$ とする．このとき，$N$ の任意の路 $P$ の重み $w(P)$ は非正であり，$P$ に対応する $N'$ の路の重みは $-w(P)$ であり非負である．また，このとき，$N$ の最短路は $N'$ の最長路に対応する．したがって，$N$ の最短路を求める多項式時間アルゴリズムが存在するとすると，$N'$ の最長路を多項式オーダで求めることができることになり，先ほどの議論に反する．このことから，$N$ の最短路を求める多項式時間アルゴリズムの存在は知られていないことが分かる．重みが負である辺が存在するネットワークに対する最短路を求める問題は，辺の重みがすべて正でない問題を部分問題として含むため，重みが負である辺が存在するネットワークに対する最短路を求める問題に対する多項式時間アルゴリズムの存在は知られていないことが分かる．

また，同様の議論で $N$ の最長路は $N'$ の最短路に対応する．$N'$ において辺の重みは非負であるので $N'$ の最短路は多項式オーダで求めることができる．したがって，辺の重みがすべて非正である $N$ の最長路は，多項式オーダで求めることができることが分かる．また，入力であるグラフが木である場合には，19 ページの定理 1–4 から 2 点間の路は唯一であるため木に対する**最長路問題**も多項式オーダで解けることが分かる．

## 3–3 最大全域木アルゴリズム

本節ではネットワークにおける全域木を考える.ネットワーク $(G, w)$ において,$G$ が連結グラフであるとき,$G$ の全域木 $T$ を $(G, w)$ の全域木といい,その**重み** (weight) を $T$ に含まれる辺の重みの総和とし,$w(T)$ で表す.すなわち,$w(T) = \sum_{e \in E(T)} w(e)$ である.ネットワークの重み最大の全域木を**最大全域木** (maximum spanning tree) といい,重み最小の全域木を**最小全域木** (minimum spanning tree) という.本節では,ネットワークの最大全域木と最小全域木を求める多項式時間アルゴリズムを紹介する.

### (1) 最大全域木アルゴリズム

ネットワークの最大全域木を求める最適化問題は次のように記述できる.

---
**最大全域木問題**

入力:連結グラフ $G$,重み関数 $w: E(G) \to \mathcal{R}$

質問:ネットワーク $(G, w)$ の最大全域木を 1 つ示せ.

---

ここでは,クラスカル (Kruskal) のアルゴリズムとしてよく知られている**最大全域木問題**を解く多項式時間アルゴリズムを紹介する.

■ **アルゴリズム 3–8** (最大全域木アルゴリズム (クラスカル))

入力:連結グラフ $G$,重み関数 $w: E(G) \to \mathcal{R}$
  (ただし,$|V(G)| = n$, $|E(G)| = m$ とする)

出力:ネットワーク $(G, w)$ の最大全域木 $T$

**ステップ 0**:$E(G)$ の辺を重みの降順に並べ替える.
  ($w(e_1) \geq w(e_2) \geq \cdots \geq w(e_m)$ とする)

**ステップ 1**:$i = 1$,$X = \emptyset$ とする.

**ステップ 2**:$G\langle X \cup \{e_i\}\rangle$ が閉路を含まないならば,$X = X \cup \{e_i\}$ とする.

**ステップ 3**:$|X| = n - 1$ ならば,$G\langle X \rangle$ を最大全域木 $T$ として出力して終了する.

**ステップ 4**:$i = i + 1$ として,ステップ 2 に戻る. ■

[例 3–8] 図 3-9 は，(1) に示すネットワークに**アルゴリズム 3–8** を適用したときの様子を示している．太線は $X$ に加えられた辺を表し，破線は $X$ に加えられない辺を表している．グラフの点数が 6 であるので，$|X| = 5$ となったとき，重みの 1 と 2 の辺を調べる前にアルゴリズムは終了する．ステップ 3 の「$|X| = n - 1$」を「$i = m$」と置き換えれば，すべての辺を調べてアルゴリズムは終了することになる．しかし，$|X| = n - 1$ となった後に，$X$ に辺を追加しようとすると必ず閉路を生じるため，ステップ 2 で $X$ に辺を追加することはない．そこでステップ 3 では，アルゴリズムが終了するための条件として「$|X| = n - 1$」を採用している． □

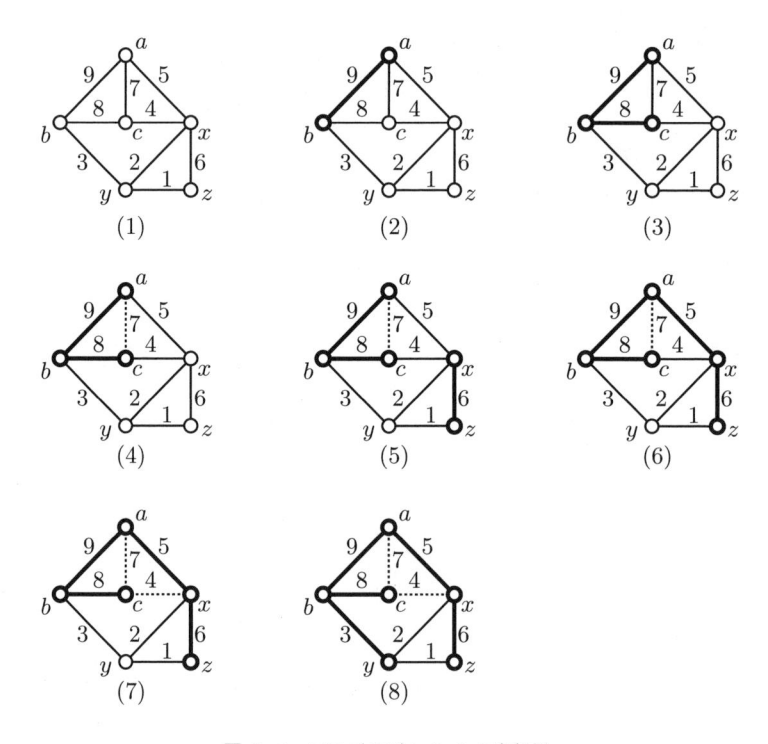

図 3–9 アルゴリズム 3–8 の実行例

アルゴリズムの時間計算量を解析する前に，まず，アルゴリズムの正当性を証明する．

[補題 3–1] アルゴリズム 3–8 は最大全域木問題を解く.

**証明:** アルゴリズムの出力であるグラフ $T\ (=G\langle X\rangle)$ は,閉路を含まない連結な $G$ の全域部分グラフであるから,$G$ の全域木である.以下では $T$ が $G$ の最大全域木であることを示す.

$X = \{x_1, x_2, \ldots, x_{n-1}\}$ とし,$x_i$ は $i$ 番目に $X$ に加えられた辺であるとする.このとき,

$$w(x_1) \geq w(x_2) \geq \cdots \geq w(x_{n-1})$$

である.$T^*$ を最大全域木の中で $T$ との共通部分が最も多い木としよう.共通部分が多い木とは,1 番目から $k-1$ 番目の辺まで $T$ と一致し,$k$ 番目が異なるとしたとき,$k$ が最大となる木である.すなわち,

$$x_1, x_2, \ldots, x_{k-1} \in X \cap E(T^*), \quad x_k \in X, \quad x_k \notin E(T^*)$$

である.$T$ が $G$ の最大全域木でないと仮定すると,$k < n-1$ となる.25 ページの定理 1–8 から,$T^* + \{x_k\}$ は一意的な閉路 $C$ を含む(図 3–10 参照).

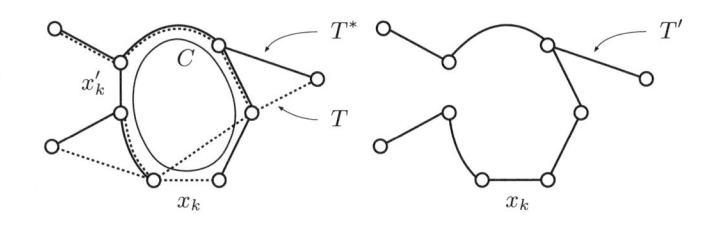

図 3–10 木 $T$ (破線),木 $T^*$,および木 $T'$

$T$ は閉路を含まないので,$E(C) \setminus X \neq \emptyset$ である.任意の $x'_k \in E(C) \setminus X$ に対して,

$$T' = (T^* + \{x_k\}) - \{x'_k\}$$

は $G$ の全域木であり,

$$w(T') = w(T^*) + w(x_k) - w(x'_k)$$

である.また,$w(x'_k) \leq w(x_k)$ である.もしも $w(x'_k) > w(x_k)$ ならば,アルゴリズムは $x_k$ を $X$ に加える前に $x'_k$ が $X$ に加えられるか調べるはずである.と

ころが $\{x_1, x_2, \ldots, x_{k-1}, x'_k\} \subseteq E(T^*)$ であり $G\langle\{x_1, x_2, \ldots, x_{k-1}, x'_k\}\rangle$ に閉路は存在しないのでアルゴリズムは $x'_k$ を $X$ に加えることになり $x'_k \notin X$ に矛盾する．したがって，

$$w(T') = w(T^*) + w(x_k) - w(x'_k)$$
$$\geq w(T^*) + w(x'_k) - w(x'_k)$$
$$= w(T^*)$$

であるから，$T'$ もまた最大全域木である．しかし，$T'$ は $T^*$ よりも $T$ との共通部分が大きく $T^*$ の定義に反する．ゆえに，$k = n$，すなわち，$T^* = T$ と結論できる． □

それでは，アルゴリズムの時間計算量について考えよう．

ステップ 0 は 70 ページの**アルゴリズム 2–3**（併合整列アルゴリズム）を用いて辺を重みの昇順に並べ替えた後，逆順に並べ替えればよいので $O(m \log m)$ 時間で実行できる．ステップ 1, 3, 4 はそれぞれ $O(1)$, $O(n)$, $O(1)$ 時間で実行できる．

ステップ 2 について考えよう．$G\langle X \cup \{e_i\}\rangle$ が閉路を含むかどうかは，$e_i = (u, v)$ としたとき，$G\langle X\rangle$ において点 $u$ と $v$ を結ぶ路が存在するか否かを調べることで判定できる．$G\langle X\rangle$ に $(u, v)$ 路が存在すれば $G\langle X \cup \{e_i\}\rangle$ は閉路を含み，$G\langle X\rangle$ に $(u, v)$ 路が存在しなければ $G\langle X \cup \{e_i\}\rangle$ は閉路を含まない．$G\langle X\rangle$ において $(u, v)$ 路が存在するか否かは，3–1 節の深さ優先探索や幅優先探索を用いて $O(n + m)$ 時間で判定できる．最短 $(u, v)$ 路を求める必要はないので，時間計算量が $O(n^2)$ の**アルゴリズム 3–7**(最短路アルゴリズム（ダイクストラ）)を用いる必要はない．例えば，88 ページの**アルゴリズム 3–6**（距離ラベル付けアルゴリズム）を用いたとすると，$G\langle X\rangle$ を入力とし，ステップ 1 で点 $u$ を点 $r$ として選ぶ．このとき，アルゴリズムの出力において，点 $v$ に有限の値のラベルが付されたならば $G\langle X\rangle$ には $(u, v)$ 路が存在するので，$G\langle X \cup \{e_i\}\rangle$ は閉路を含む．一方，$v$ に無限大のラベルが付されたならば $G\langle X\rangle$ には $(u, v)$ 路が存在しないので，$G\langle X \cup \{e_i\}\rangle$ は閉路を含まないことが分かる．

ステップ 1 から 4 は高々 $m$ 回繰り返される．$G$ は連結であるので 60 ページの

定理 2–3 より $n = O(m)$ であり，アルゴリズムの時間計算量は $O(m^2)$ と評価できる．この評価も悪いとはいえないが，必ずしも十分とはいえない．次に述べる手法を用いることでアルゴリズムの時間計算量をさらに小さく評価できる．

**（2） 合併発見手法**

　グラフ $G\langle X\rangle$ には $(u,v)$ 路が存在するか否か，すなわち，点 $u$ と $v$ が $G\langle X\rangle$ の同じ連結成分に属すか否かを効率良く判定する**合併発見** (union-find) という手法がある．合併発見は，2 つの集合を合併する**手続き合併** (union) と，集合の代表を求める**手続き発見** (find) からなる．合併発見では，集合は集合に含まれる要素を点とする根付き木で表現され，その根付き木の根に対応する要素が集合の代表となる．

　**手続き発見**は，要素が属す集合の代表を求める操作で，要素に対応する点から根付き木の根まで辿り，根に対応する要素を出力する．これは根付き木の高さを $k$ とすると $O(k)$ 時間で実行できる．**手続き合併**は，2 つの要素が指定されたとき，一方の要素が属す根付き木の根を他方の要素が属す根付き木の根の子とすることで，2 つの要素が属す集合の和集合に対応する根付き木を作成する．2 つの要素が同じ集合に属せば何もしない．この操作は，それぞれの要素に対して**手続き発見**を行うことで集合の代表を求め，それらが一致すれば何もしない，異なれば一方を他方の子とすることで実現できるので，木の高さを $k$ とすると $O(k)$ 時間で実行できる．また，集合の要素数を根に記憶し，要素数が小さな集合に対応する根付き木の根を他方の根付き木の根の子とすることで，全体の要素数を $n$ としたとき，根付き木の高さを高々 $\log_2 n$ とできる (演習問題 1 の 9 参照)．したがって，全体の要素数を $n$ としたとき，**手続き合併**と**手続き発見**の 1 回あたりの実行時間はそれぞれ $O(\log n)$ となる．[2]

　それでは，合併発見を用いてステップ 2 を実行する方法について考えよう．まず，初期状態では辺の集合 $X$ は空集合である．これは，$G\langle X\rangle$ においてすべ

---

[2] **手続き発見**では，指定された点から根までの経路を辿り，根を集合の代表として出力するが，この際に経路上の点すべてを根の子とする操作を加える．この操作を加えても**手続き発見**の時間計算量はオーダとして変わらないが，根付き木の高さが低くなる．詳細は省くが，この操作を加えることで根付き木の高さは，要素数に関係ないほぼ定数とみなすことができるようになり，**手続き発見**と**手続き合併**の 1 回あたりの実行時間はほぼ定数オーダとみなすことができることが知られている．

ての点は異なる連結成分に属す,すなわち,$n$ 個の要素数 1 の根付き木が存在することに対応する.ステップ 2 で $G\langle X\cup\{e_i\}\rangle$ が閉路を含むか否かは,辺 $e_i$ の両端点が同じ連結成分に属すか否かによる.したがって,$e_i$ の両端点に対して,**手続き発見**を実行し,得られた集合の代表が一致するか否かを調べる.代表が一致すれば $e_i$ を $X$ に加えない.代表が一致しなければ $e_i$ を $X$ に加え,両端点が属す 2 つの連結成分が 1 つの連結成分になるのに対応し,2 つの集合に対する**手続き合併**を実行する.したがって,ステップ 2 は $O(\log n)$ 時間で実行できる.

[**例 3–9**] 図 3–11 は,例 3–8 において,図 3–9(1) に示すネットワークに**合併発見**を用いて**アルゴリズム 3–8** を適用したときの根付き木の様子を示している.(1) は辺の集合 $X$ が空集合であることに対応する初期状態で,各点が自身を根とする根付き木となっている.アルゴリズムは,まず,ステップ 2 で,$X$ に辺 $e_1\,(=(a,b))$ を加えたとき,閉路が生じるか否かを調べる.これは,点 $a$ と $b$ に対してそれぞれ**手続き発見**を行い,得られる代表が同じであるか否かを調べることで実現する.**手続き発見**の結果,それぞれ $a$ と $b$ が代表として得られるが,それらは異なるため $a$ と $b$ は異なる連結成分に属し,$X$ に $e_1$ を加えても閉路は生じないことが分かる.そこで,$X$ に $e_1$ を加え,$a$ と $b$ に対する**手続き合併**を行い (2) を得る.次に,ステップ 2 で点 $b$ と $c$ に対してそれぞれ**手続き発見**を行うと,それぞれ点 $a$ と $c$ が代表として得られるが,それらは異なるため $b$ と $c$ は異なる連結成分に属すことが分かり,$X$ に辺 $e_2\,(=(b,c))$ を加え,$b$ と $c$ に対する**手続き合併**を行い (3) を得る.このとき,$c$ の属す連結成分の要素数が $b$ の属す連結成分の要素数よりも小さいので,$c$ の属す根付き木の根を $b$ の属す根付き木の根の子とする.次に,ステップ 2 で点 $a$ と $c$ に対してそれぞれ**手続き発見**を行うと,ともに $a$ が代表として得られるため,$a$ と $c$ は同じ連結成分に属し,$X$ に辺 $e_3\,(=(a,c))$ を加えると閉路が生じることが分かる.したがって,$X$ に $e_3$ は加えず,$a$ と $c$ に対する**手続き合併**も行わない.以降,(4)〜(6) に示すように根付き木は合併され,$X$ の要素数が $|V(G)|-1$ となったとき,すなわち,1 つの根付き木となったとき,アルゴリズムは終了する.  □

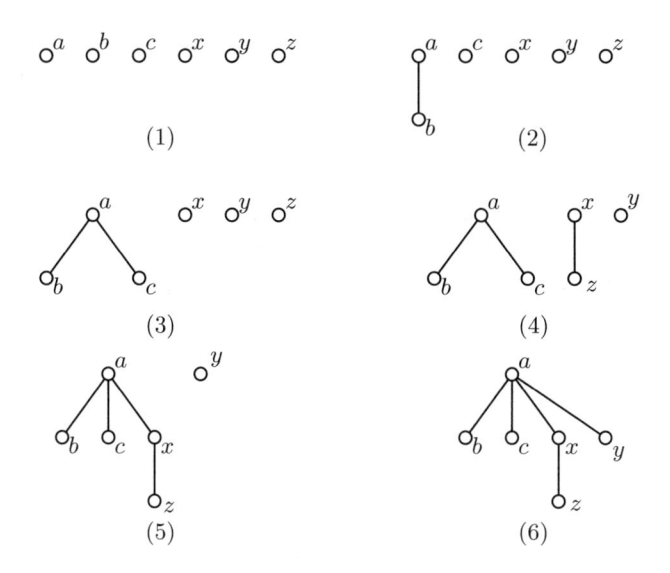

図 3–11　合併発見操作

[定理 3–9]　アルゴリズム 3–8 は最大全域木問題を $O(m \log m)$ 時間で解く.

証明：アルゴリズムの正当性については補題 3–1 で示したので，アルゴリズムの時間計算量を解析する．ステップ 0 は 72 ページの定理 2–8 から $O(m \log m)$ 時間で実行できる．ステップ 1，4 はそれぞれ $O(1)$ 時間で実行でき，ステップ 3 は最後に 1 回行う出力を除き $O(1)$ 時間，出力は $O(n)$ 時間で実行できる．ステップ 2 は，合併発見を用いて $O(\log n)$ 時間で実行できる．ステップ 1 から 4 は高々 $m$ 回繰り返されるので，それらは合わせて $O(m \log n)$ 時間で実行できる．$G$ は連結であるので 60 ページの定理 2–3 より $n = O(m)$ であり，アルゴリズムの時間計算量は $O(m \log m)$ であることが分かる． □

( 3 )　最小全域木アルゴリズム

　前節で述べたように，辺の重みが非負の場合のネットワークの 2 点間の最短路を求める問題に対する多項式時間アルゴリズムが知られているのに対して，最長路を求める多項式時間アルゴリズムは知られていない．**最大全域木問題に対応する最小全域木を求める問題についてはどうであろうか．**

[例題 3–5] ネットワークの最小全域木を求める次の最適化問題

**最小全域木問題**
　入力：連結グラフ $G$, 重み関数 $w : E(G) \to \mathcal{R}$
　質問：ネットワーク $(G, w)$ の最小全域木を 1 つ示せ．

を解く多項式時間アルゴリズムを設計せよ．

**解：**101 ページの補題 3–1 の証明では辺の重みの非負性を用いていないので，重みが負の辺が存在する場合にも**アルゴリズム 3–8** は正しい答えを出力する．また，ネットワークの最小全域木は，ネットワークの辺の重みの正負をすべて反転したとき，最大全域木となる．したがって，**最小全域木問題**の入力であるネットワークに対して，各辺の重みの正負をすべて反転して得られるネットワークの最大全域木を，**アルゴリズム 3–8** を用いて求めればよい．これは，ステップ 0 において，辺を重みの昇順に並べ替えることに対応しているので，**最小全域木問題**は次のアルゴリズムで解けることが分かる．

■ **アルゴリズム 3–9 (最小全域木アルゴリズム)**

　入力：連結グラフ $G$, 重み関数 $w : E(G) \to \mathcal{R}$
　　　　　　　　　　(ただし, $|V(G)| = n$, $|E(G)| = m$ とする)
　出力：ネットワーク $(G, w)$ の最小全域木 $T$

　**ステップ 0 ：** $E(G)$ の辺を重みの昇順に並べ替える．
$$(w(e_1) \leq w(e_2) \leq \cdots \leq w(e_m) \text{ とする})$$
　**ステップ 1 ：** $i = 1$, $X = \emptyset$ とする．
　**ステップ 2 ：** $G\langle X \cup \{e_i\}\rangle$ が閉路を含まないならば，$X = X \cup \{e_i\}$ とする．
　**ステップ 3 ：** $|X| = n - 1$ ならば，$G\langle X \rangle$ を最小全域木 $T$ として出力して終了する．
　**ステップ 4 ：** $i = i + 1$ として，ステップ 2 に戻る． ■

　定理 3–9 から，このアルゴリズムの時間計算量が $O(m \log m)$ であることは明らかである． □

本章までにグラフとネットワークに関する基本的な多項式時間アルゴリズムをいくつか紹介したが，次章では紹介したアルゴリズムをアルゴリズムの設計技法という観点から再び考える．また，問題の難しさについて述べ，問題を解く多項式時間アルゴリズムの設計が困難な場合のアルゴリズムの設計技法について考える．

## 演習問題 3

1. 図 3–12 に示すネットワーク $N$ において，点 $s$ と $N$ の各点との距離を求めよ．
2. 図 3–12 に示すネットワーク $N$ の最大全域木，および最小全域木を求めよ．
3. 図 3–12 に示すネットワーク $N$ の最大全域木に対して，前順序番号付け，および後順序番号付けを与えよ．ただし，深さ優先探索の出発点を $s$ とし，未探索の隣接点が複数ある場合には，点の名前が辞書順で早い点を優先して探索するものとする．

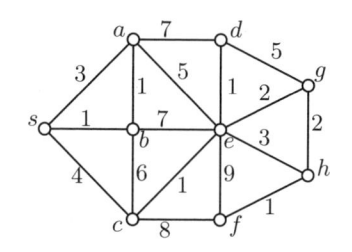

図 3–12 ネットワーク $N$

4. 幅優先探索を応用して，**2 部グラフ判定問題 (BG)** の次のような部分問題

    **連結 2 部グラフ判定問題 (C-BG)**

    　　入力：連結グラフ $G$

    　　質問：$G$ は 2 部グラフか．

    を解く多項式時間アルゴリズムを設計せよ．
5. グラフの辺集合がいくつかの閉路の辺集合に分割できるための必要十分条件を示せ．また，この条件を満たすグラフに対して，このような分割を 1 つ求める多項式時間アルゴリズムを設計せよ．
6. グラフの長さが最小である閉路を 1 つ求める多項式時間アルゴリズムを設計せよ．
7. 木の点数が最大である独立点集合を 1 つ求める多項式時間アルゴリズムを設計せよ．

# 第 4 章

# アルゴリズムの設計

　本章では，アルゴリズム設計技法について紹介すると共に，問題の難しさの理論と近似アルゴリズムに関する初等的な事柄を紹介する．また，貪欲法と呼ばれるアルゴリズム設計技法の理論的枠組みを紹介する．

## 4–1　アルゴリズムの設計技法

### （1）　様々なアルゴリズム

　アルゴリズム理論では，問題を解く多項式時間アルゴリズムが示されて初めて問題は解かれたということを第2章で述べた．しかし，難しい問題に対しては問題を解く多項式時間アルゴリズムが存在しない可能性もあり，その場合には別の方法で問題に対処することが求められる．特に，様々な答えの候補の中からある評価値を最大もしくは最小とする答えを求める最適化問題では，正しい答えでなくとも，正しい答えに近い評価値の答えが得られれば，実用上意味があることが多いためその傾向が顕著である．例えば，**巡回セールスマン問題**では，重みが真に最小のハミルトン閉路が得られなくとも，重みが十分に小さいハミルトン閉路を得ることができれば，適当なハミルトン閉路を用いてすべての点を訪問するのに比べ，セールスマンはすべての点を訪問するのに必要な時間を十分に短縮できるであろう．

　したがって，最適化問題では，正しい答えを求める多項式時間アルゴリズムの設計が困難な場合は，次善の策として，必ずしも正しい答えを得られないが，正しい答えに近い評価値の答えが得られる多項式時間アルゴリズムを設計する

ことが多い．最適化問題において，ある評価値を最大もしくは最小とする正しい答えを**最適解** (optimum solution) といい，正しい答えと正しくない答えを合わせて**近似解** (approximate solution) もしくは**解** (solution) という．例えば，**最大全域木問題**では，辺の重みの総和が最大である全域木，すなわち，最大全域木が最適解であり，任意の全域木を解と考えることができる．

また，単にアルゴリズムというと最適解を求める多項式時間アルゴリズムを指すことが多いが，近似解を求めるアルゴリズムを**近似アルゴリズム** (approximate algorithm) といい，最適解を求めるアルゴリズムを特に**厳密アルゴリズム** (exact algorithm) ということもある．近似アルゴリズムについては，4–4 節で議論するが，その設計においては，時間計算量や空間計算量だけでなく，得られる解の品質が評価の重要な指標になる．一般に，近似アルゴリズムで得られる解の品質は，**近似比** (approximation ratio) といわれるアルゴリズムが出力する解の評価値と最適解の評価値の比の最悪値で計る．近似比が小さいアルゴリズムが良い近似アルゴリズムとなるが，理論的に証明できるアルゴリズムの近似比に比べ，実験的に良い近似解が得られる場合などは，近似比による評価が必ずしもアルゴリズムの性能を表さないこともある．理論的に証明できる近似比，もしくは，理論的に証明された近似比は大きいが，実験的には良い近似解が得られるアルゴリズムは**発見的アルゴリズム** (heuristic algorithm) といわれることが多い．

アルゴリズムは解を得るための方法によって分類されることがある．グラフに関する最適化問題では，一般に，ある評価値を最大や最小にする，ある性質を満たすグラフや辺の集合などが解としてアルゴリズムの出力となるが，解に対して，解の一部分を**部分解** (partial solution) という．例えば，**最大全域木問題**では，全域木，すなわち，閉路を含まない連結である全域部分グラフを解と考えたとき，任意の閉路を含まない全域部分グラフを部分解と考えることができる．解を得るために最初の部分解として空集合から始め，現在の部分解に点や辺を追加することで新たな部分解を生成することを繰り返し，最終的に解を得るアルゴリズムを**構成的アルゴリズム** (constructive algorithm) という．一方，最初に**初期解** (initial solution) といわれる任意の解を構成し，評価値が良くなるように解の部分的な修正を繰り返した後に，得られた解を出力するアル

ゴリズムを**反復的アルゴリズム** (iterative algorithm) という.

[**例 4–1**]　3–3 節の**最大全域木問題**に対する**アルゴリズム 3–8** (最大全域木アルゴリズム (クラスカル), 99 ページ) は構成的アルゴリズムである. 一方, 任意の全域木を構成した後で, 全域木に含まれない重みが大きい辺を全域木に付加し, 生じた閉路から重みが小さい辺を除去するという操作を, 全域木の重みが増加する限り繰り返すアルゴリズムは, 反復的アルゴリズムである.　□

　反復的アルゴリズムでは, 初期解をどのように構成するかとともに, どのように解を修正するかが重要となる. 常に評価値が改善するような修正のみを考えると, 現在の解が最適解ではないのにもかかわらず, どのような修正を行っても評価値が悪くなるような**局所最適** (local optimum) といわれる解に到達し最適解が得られないことが多い. 逆に評価値が悪くなるような修正も採用すると, アルゴリズムの収束性が問題となる. すなわち, いつ修正をやめて解を出力するかを決めるのが難しくなる. また, 修正の候補が複数ある場合にどの候補を選択するかによって, 最終的に得られる解の評価値が異なることも多い. そのため局所最適に陥ることなく最適解を目指すため, どのような修正を行うかなどを確率を用いて決定することがある. 候補の選択やその採用の是非などを確率によって定めるアルゴリズムを**確率的アルゴリズム** (stochastic algorithm) という. 一般に, 確率的アルゴリズムを用いることで, 最適解に近い解は得られるが長い計算時間を必要とすることが多い.

　反復的アルゴリズムや確率的アルゴリズムを用いて最終的な解を得るアルゴリズムは, 難しい最適化問題に対処する方法としてよく用いられる技法の 1 つであるが, その厳密な評価は難しいことが多く, 実験的な評価がなされることが多い. このため, 本書では, 反復的アルゴリズムや確率的アルゴリズムについてはこれ以上詳しくは触れず, 次節では, 構成的アルゴリズムを設計するときなどによく用いられる代表的なアルゴリズムの設計技法を紹介する.

(2)　設計技法

　本節では, 代表的なアルゴリズム設計技法としてよく知られている**分割統治法** (divide and conquer), **動的計画法** (dynamic programming), **貪欲法** (greedy method) を紹介する.

**分割統治法**

分割統治法は，最初に問題をいくつかのより規模の小さい簡単な部分問題に分割し，次にそれらの部分問題を独立に解き，最後にそれらの部分問題の解を組み合わせることで全体の問題の解を求める方法である．分割統治法では，問題をどのように部分問題に分割するかが，問題を効率よく解くための鍵となる．

例えば，問題を大きさが $a$ 分の 1 程度の $b$ 個の部分問題に分割することを考えよう．ただし，$a > 1$ とし $b \geq 2$ とする．このとき，大きさが $n$ である問題は，$\log_a n$ 回程度の分割を繰り返すことにより，大きさが 1 である部分問題になり，大きさが 1 である部分問題の総数は $b^{\log_a n}$ 個程度となる．この場合，$a$ と $b$ が定数ならば，$b^{\log_a n} = n^{\log_a b}$ であるので，分割の回数，および部分問題の総数は多項式オーダとなる．したがって，部分問題に分割するアルゴリズム，部分問題を解くアルゴリズム，および部分問題を組み合わせるアルゴリズムの時間計算量がそれぞれ多項式オーダであれば，分割統治法の時間計算量は多項式オーダとなる．

一方，大きさが $n$ である問題に対して，大きさが $n-a$ 程度の $b$ 個の部分問題に分割することを考えよう．ただし，$a \geq 1$ とし $b \geq 2$ とする．このとき，大きさが $n$ である問題は，$\frac{n-1}{a}$ 回程度の分割を繰り返すことにより，大きさが 1 である部分問題になり，大きさが 1 である部分問題の総数は $b^{\frac{n-1}{a}}$ 個程度となる．この場合，$a$ と $b$ が定数ならば，部分問題を生成するだけで分割統治法の時間計算量は指数オーダとなってしまう．

[**例 4–2**] 2–3 節の**整列問題**に対する**アルゴリズム 2–3** (併合整列アルゴリズム，70 ページ) は分割統治法の代表例で，**整列問題**に対する厳密アルゴリズムである．併合整列アルゴリズムでは，問題を大きさがほぼ半分となる 2 つの部分問題に分割することを繰り返した．したがって，大きさが $n$ である問題は，$\log_2 n$ 回程度の分割により，大きさが 1 である $n$ 個の部分問題となる．

一方，問題を大きさが 1 だけ小さい 2 つの部分問題に分割することを繰り返すと，大きさが $n$ である問題は，$n-1$ 回の分割により，大きさが 1 である

$2^{n-1}$ 個の部分問題となる. □

**動的計画法**

　動的計画法は,「問題の最適解は部分問題の最適解に分解できる」という**最適性の原理** (principle of optimality) が成立しているときに, 部分問題に対する最適解を用いて全体の最適解を求める方法である. 最適性の原理が成立しているときには, ある部分問題の最適解はより小さな部分問題の最適解を利用して得ることができるので, 動的計画法では, 部分問題に対する最適解を, 小さな部分問題から始めて全体の問題に至るまで順に求めていく. 動的計画法では, 最適性の原理が成立し, かつ, 解かなければならない部分問題の数が問題の大きさの多項式オーダとなるように, どのように問題を分解するかが鍵となる.

　**[例 4–3]**　3–2 節の**最短路問題**について考えてみよう. すなわち, ネットワーク $(G, w)$ の 2 点 $a, b\, (\in V(G))$ を結ぶ最短路を求める問題を考える. 以下では辺数 $k$ 以下の $(u, v)$ 路の中で重みが最小の $(u, v)$ 路を, 単に辺数 $k$ 以下の最短 $(u, v)$ 路ということにする. まず, 辺数 $k$ 以下の任意の 2 点間の最短路は, 辺数 $k-1$ 以下の最短路に分解できるという最適性の原理が成立することを示す.

　辺数 $k$ 以下の最短 $(u, v)$ 路を $P$ とする. ここで, $P$ において点 $v$ に隣接する点を $x$ とし, 点 $u$ から点 $x$ までの $P$ の部分路を $P_x$ とする. このとき, $P_x$ が辺数 $k-1$ 以下の最短 $(u, x)$ 路でないとすると, 辺数 $k-1$ 以下で $P_x$ よりも重みが小さい $(u, x)$ 路 $Q_x$ が存在する. このとき, $Q_x$ と辺 $(x, v)$ を合わせて得られる経路は $(u, v)$ ウォークで, その重み $w(Q_x + \{(x, v)\})$ は $w(P)$ よりも小さい. しかし, 辺の重みが非負であることに注意すると, 11 ページの定理 1–1 より辺数 $k$ 以下の重みが $w(Q_x + \{(x, v)\})$ 以下の $(u, v)$ 路が存在することになり, $P$ が辺数 $k$ 以下の最短 $(u, v)$ 路であるという仮定に反する. したがって, $P_x$ は辺数 $k-1$ 以下の最短 $(u, x)$ 路であることが分かる. すなわち, 辺数 $k$ 以下の最短 $(u, v)$ 路 $P$ は, 辺数 $k-1$ 以下の最短 $(u, x)$ 路 $P_x$ と辺 $(x, v)$ に分解できる.

　また, 点 $v$ に隣接する点の集合を $V_v$ とし, $v$ に隣接する点 $x\, (\in V_v)$ に対して辺数が $k-1$ 以下の最短 $(u, x)$ 路を $P_x$ とすると, 辺数 $k$ 以下の最短 $(u, v)$

路 $P$ は $v$ の隣接点を必ず経由するので、$w(P) = \min_{x \in V_v} w(P_x + \{(x,v)\})$ となる (図 4–1 参照). すなわち、$v$ の隣接点の中で $w(P_{v'} + \{(v',v)\})$ が最小の点を $v'$ としたとき、$P$ は路 $P_{v'}$ と辺 $(v',v)$ から構成される. したがって、辺数 $k-1$ 以下の $v$ のすべての隣接点までの $u$ からの最短路が求まっていれば、$P$ を求められることが分かる.

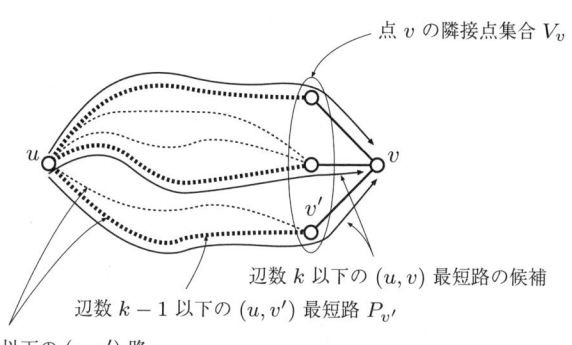

図 4–1 辺数 $k$ 以下の $(u,v)$ 路

したがって、辺数 0 以下の任意の 2 点間の最短路、辺数 1 以下の任意の 2 点間の最短路、の順に、辺数 $n-1$ 以下の任意の 2 点間の最短路まで求めれば、最後に最短 $(a,b)$ 路を含む任意の 2 点間の最短路が得られることが分かる. 辺数 0 以下の任意の 2 点間の最短路は、2 点が同じ点であるとき重みは 0 であり、異なる場合は重みが無限大の最短路が存在するとすればよい.

**最短路問題**に対する**アルゴリズム 3–7** (最短路アルゴリズム (ダイクストラ), 93 ページ) も動的計画法を用いたアルゴリズムの例である. **アルゴリズム 3–7** では始点に近い点から順に距離を定めることで、上に述べた方法に比べ効率良く最短路を得ている. □

## 貪欲法

貪欲法は、構成的アルゴリズムによく用いられる. それぞれの場面において最善を尽くすことは、全体としての最善につながる、という希望的観測に基づく方法である. すなわち、貪欲法では、空集合から出発して、それぞれの場面で

評価値を最大に増加させる要素を部分解に追加し，新たな部分解を生成することを繰り返すことで解を構成する．貪欲法を用いた構成的アルゴリズムは，この希望的観測が正しい場合には，厳密アルゴリズムとなり最適解を得ることができる．しかしながら，問題によっては希望的観測が正しいとは限らない．ただし，希望的観測が誤りである場合にも，貪欲法を用いた構成的アルゴリズムは近似アルゴリズムとなり，また，多くの場合良い近似アルゴリズムとなるため，多くの最適化問題に対して用いられる方法である．

[例 4-4] 3-3 節の**最大全域木問題**に対する**アルゴリズム 3-8** (最大全域木アルゴリズム (クラスカル)，99 ページ) は，構成的アルゴリズムにおいて貪欲法を用いている．アルゴリズムでは，追加することで閉路を生じない辺の中で，重みが最大の辺を部分解に追加することを繰り返す．このアルゴリズムは，貪欲法を用いた厳密アルゴリズムの代表例である． □

次節では，貪欲法を用いたアルゴリズムが厳密アルゴリズムとなるための必要十分条件など，貪欲法の基礎となる理論的枠組みを紹介する．

## 4-2 貪欲アルゴリズム

### (1) 独立系とマトロイド

貪欲法は，最初の部分解として空集合から出発し，それぞれの場面で評価値を最大に増加させる要素を，部分解に追加することを繰り返すことで解を構成する．ただし，評価を最大に増加させる要素であっても，追加することで部分解が満たさなければならない性質を満たさなくなる場合には追加されない．また，その性質を満たす限り集合に要素を追加することを繰り返す．

ある問題に対する貪欲法の解や部分解が満たす性質を $\mathcal{P}$ とすると，貪欲法が対象とする問題は，与えられた集合 $E$ に対して性質 $\mathcal{P}$ を満たす極大な $E$ の部分集合の中で評価が最大であるものを求める問題と考えることができる．

例えば，**最大全域木問題**は，入力であるネットワーク $(G, w)$ の辺集合 $E(G)$ の「閉路を含まない」という性質を満たす極大部分集合の中から，重みが最

大の部分集合を求める問題と考えることができる．すなわち，この問題の部分解や解は「閉路を含まない」という性質を満たす全域部分グラフであり，解は「閉路を含まない」という性質を満たす極大な全域部分グラフ，すなわち，全域木である．この問題に対し，**アルゴリズム 3–8** (最大全域木アルゴリズム (クラスカル), 99 ページ) は，空集合から出発し，重みが大きい辺を次々に集合に追加していくが，追加することで閉路が生じるような辺は追加しない．

このように，ある有限集合 $E$ とその部分集合に対する性質 $\mathcal{P}$ が与えられると，性質 $\mathcal{P}$ を満たす $E$ の部分集合の族 $\mathcal{I}$ が定義できる．[1] $\mathcal{I}$ は $E$ のベキ集合[2]の部分集合である．この $\mathcal{I}$ と性質 $\mathcal{P}$ は同じ情報を持つと考えることができる．貪欲法が対象とする問題では，集合 $E$ と $E$ の部分集合の族 $\mathcal{I}$ の組 $M=(E,\mathcal{I})$ が解空間の構造を表現し，解空間の中のそれぞれの部分解や解に評価が与えられていると考えることができる．$M=(E,\mathcal{I})$ は，次の 2 つの条件を満たしているとき，**独立系** (independence system) という：

(I0) 条件：$\emptyset \in \mathcal{I}$；

(I1) 条件：$X \in \mathcal{I},\ Y \subseteq X \Longrightarrow Y \in \mathcal{I}$.

これらの条件を性質 $\mathcal{P}$ を使って記述すれば次のようになる：

(I0) 条件：$\emptyset$ は性質 $\mathcal{P}$ を満たす；

(I1) 条件：$X$ が性質 $\mathcal{P}$ を満たすならば，$X$ の部分集合 $Y$ は性質 $\mathcal{P}$ を満たす．

これらの条件は，適切な評価を定めれば，貪欲法が任意の部分解や解に到達可能であることを保証する条件である．つまり，(I0) 条件は，貪欲法の出発点である空集合 $\emptyset$ が $\mathcal{I}$ に含まれる，すなわち，性質 $\mathcal{P}$ を満たすことを意味する．これは，貪欲法が少なくとも解を出力することの保証でもある．(I1) 条件は，空集合に $X\ (\subseteq \mathcal{I})$ の要素を任意の順番で加えたとき得られる集合の系列を

$$X_0, X_1, \ldots, X_m$$

としたとき，$X_i \in \mathcal{I}\ (0 \leq i \leq m)$ であることを保証している．ただし，$X_0 = \emptyset$ であり $X_m = X$ である．

---

[1] $E$ の部分集合の族 $\mathcal{I}$ が与えられると，性質 $\mathcal{P}$ が定義できると考えてもよい．このときの性質とは「$\mathcal{I}$ に含まれる」という性質である．

[2] ベキ集合については付録 1 参照．

独立系 $M = (E, \mathcal{I})$ に対して, $\mathcal{I}$ の要素を $M$ の**独立集合** (independent set) といい, 独立集合ではない $E$ の部分集合を**従属集合** (dependent set) という. また, 極大な独立集合を**基** (base) といい, 極小な従属集合を**サーキット** (circuit) という. すなわち, 独立集合 $B$ は, 任意の要素 $x\ (\in E \setminus B)$ に対して $B \cup \{x\}$ が従属集合であるとき, 基である. また, 従属集合 $C$ は, 任意の要素 $x\ (\in C)$ に対して $C \setminus \{x\}$ が独立集合であるとき, サーキットである.

[例 4–5] グラフ $G$ の独立点集合の族を $\mathcal{I}$ としよう. すなわち, $\mathcal{I}$ は「任意の 2 点は隣接しない」という性質を満たす $V(G)$ の部分集合の族である. このとき, $M = (V(G), \mathcal{I})$ は独立系である. これは, 独立点集合の定義から空集合は独立点集合であり, 独立点集合の任意の部分集合はまた独立点集合であることから, 簡単に確かめることができる. 簡単に分かるように, 任意の隣接する 2 点から成る集合がサーキットに対応している. □

[例題 4–1] 完全グラフ $K_n\ (n \geq 3)$ に対して,

$\mathcal{I}_n = \{X \mid X \subseteq E(C)$ となる $K_n$ のハミルトン閉路 $C$ が存在する $\}$

としたとき, $M_n = (E(K_n), \mathcal{I}_n)$ は独立系である. この独立系の基とサーキットはどのような辺の集合か.

**解**: 辺の集合 $X\ (\subseteq E(K_n))$ によって定義されるグラフ $K_n\langle X \rangle$ に, 次数 3 以上の点が存在したり, 長さ $n-1$ 以下の閉路が存在したならば, $X$ は明らかに $K_n$ のどのハミルトン閉路の辺集合の部分集合でもないので, $M_n$ の独立集合でない. $K_n\langle X \rangle$ に次数 3 以上の点や閉路が存在しないとき, $K_n\langle X \rangle$ のすべての連結成分は長さ 0 以上の路である. このとき, $K_n\langle X \rangle$ の連結成分である路が 2 つ以上あれば, 異なる路の端点を結ぶ辺 $e$ を $X$ に加えたとき, $K_n\langle X \cup \{e\}\rangle$ のすべての連結成分は, やはり, 長さ 0 以上の路となる. また, $K_n\langle X \rangle$ の連結成分が 1 つであれば, すなわち, $K_n\langle X \rangle$ が $K_n$ のハミルトン路であるとき, その両端点を結ぶ辺を付加すると $K_n$ のハミルトン閉路となる. したがって, $K_n\langle X \rangle$ の連結成分がすべて路であるとき, $X$ は $M_n$ の独立集合であるが, 極大な独立集合ではないことが分かる. したがって, 極大な独立集合である基は,

$K_n$ の任意のハミルトン閉路の辺集合となる．また，長さが $n-1$ 以下の任意の閉路の辺集合，および同一の点に接続する任意の 3 本の辺の集合がサーキットである． □

独立系 $M = (E, \mathcal{I})$ は，次の条件を満たしているとき，**マトロイド** (matroid) という：

(I2) 条件：$X, Y \in \mathcal{I}, |Y| < |X| \implies Y \cup \{x\} \in \mathcal{I}$ となる要素 $x\,(\in X \setminus Y)$ が存在する．

この条件は，後節に述べるように貪欲法の動作に大きな影響を与える条件であり，ある独立集合 $Y$ よりも要素数の多い独立集合 $X$ が存在するならば，$Y$ を真に含む $Y$ よりも大きな独立集合が存在することを意味する．定義から，マトロイドは独立系であるが，独立系は必ずしもマトロイドであるとは限らない．

[例 4–6] 例 4–5 の独立系は一般にはマトロイドではない．図 4–2 に示すグラフ $G$ とその独立点集合の族の組から成る独立系 $M$ を考える．このとき，$X = \{v_1, v_3\}$ と $Y = \{v_2\}$ は $G$ の独立点集合であり，$M$ の独立集合である．このとき，$Y$ に $v_1$ を加えても，$v_3$ を加えても，$G$ の独立点集合にならないため，$M$ の独立集合とはならない．したがって，$M$ は (I2) 条件を満たさずマトロイドではない． □

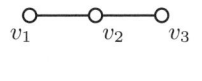

図 4–2　グラフ $G$

[例題 4–2] 例題 4–1 の独立系は一般にはマトロイドではないことを示せ．

**解**：完全グラフ $K_n$ の辺集合と例題 4–1 で定義した $\mathcal{I}_n$ の組みから成る独立系 $M_n$ を考える．図 4–3 に示す実線の辺と破線の辺を $K_n$ の辺としよう．実線の辺の集合を $X$ とし，破線の辺の集合を $Y$ としたとき，$X$ と $Y$ はそれぞれ $K_n$ のあるハミルトン閉路の辺集合の部分集合であり，それぞれ $M_n$ の独立集合である．また，$|X| > |Y|$ であるが，$X$ の任意の辺を $Y$ に加えると次数 3 の点が

できてしまい，$K_n$ のハミルトン閉路の辺集合の部分集合とはならない．したがって，$M_n$ は (I2) 条件を満たさずマトロイドではない． □

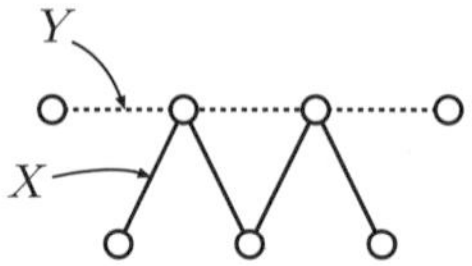

図 4–3 完全グラフ $K_n$ の辺の集合 $X$(実線) と $Y$(破線)

以上のように，独立系は一般にマトロイドではないが，様々なマトロイドが知られている．ここでは，グラフ的マトロイドとして知られている最も基本的なマトロイドを紹介し，マトロイドがグラフを自然に一般化した抽象的な組合せ構造であることを示す．

グラフ $G$ の閉路を含まない全域部分グラフを $G$ の**全域森** (spanning forest) という．$G$ の全域森 $F$ は，点集合 $V(F)$ $(= V(G))$ と辺集合 $E(F)$ $(\subseteq E(G))$ から成る閉路を含まない $G$ の全域部分グラフである．$G$ の閉路を含まない辺の集合，すなわち，$G$ の全域森の辺集合の族を $\mathcal{I}(G)$ とする．

$$\mathcal{I}(G) = \{X \mid X \subseteq E(G), G\langle X\rangle \text{ は } G \text{ の全域森}\}$$

である．また，$M(G) = (E(G), \mathcal{I}(G))$ とする．

[定理 4–1] 任意のグラフ $G$ に対して，$M(G) = (E(G), \mathcal{I}(G))$ はマトロイドである．

証明：まず，$M(G)$ が独立系であることを示す．定義から $\emptyset \in \mathcal{I}(G)$ であるので，$M(G)$ は (I0) 条件を満たす．また，閉路を含まない辺の集合の部分集合はやはり閉路を含まないので，$M(G)$ は (I1) 条件を満たすことが分かる．したがって，$M(G)$ は独立系である．次に，独立系 $M(G)$ がマトロイドであることを示すために，$M(G)$ が (I2) 条件を満たすことを示す．

$F_1$ と $F_2$ をそれぞれ $G$ の全域森，すなわち，$M(G)$ の独立集合とし，$|E(F_1)| > |E(F_2)|$ と仮定する．このとき，$F_1$ と $F_2$ の連結成分の数は，22 ページの定理 1–6 からそれぞれ $|V(G)| - |E(F_1)|$ と $|V(G)| - |E(F_2)|$ である．したがって，

$F_1$ は $F_2$ より少ない連結成分から構成されており，$F_2$ の 2 つの異なる連結成分の点を含む $F_1$ の連結成分が存在する．また，$F_1$ と $F_2$ の連結成分は閉路を含まないので木である．そこで $F_1$ の連結成分である木 $T$ が，$F_2$ の異なる 2 つの連結成分である木 $T_a$ と $T_b$ の点を含むとしよう (図 4-4 参照)．$T$ は連結であるので，$T_a$ の点と $T_b$ の点を結ぶ $T$ の辺 $e$ が存在する．このとき，$F_2 + \{e\}$ は閉路を含まないので，$G$ の全域森であり，$M(G)$ の独立集合である (図 4-5 参照)．ゆえに，$M(G)$ は (I2) 条件を満たすことが分かる．

以上により，$M(G)$ はマトロイドであることが分かる． □

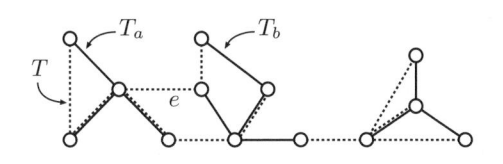

図 **4–4** 全域森 $F_1$ (破線) と $F_2$ (実線)

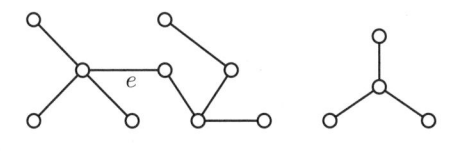

図 **4–5** 全域森 $F_2 + \{e\}$

以上のように，グラフ $G$ に対して定義される

$$M(G) = (E(G), \mathcal{I}(G))$$

はマトロイドであり，($G$ に付随する) **グラフ的マトロイド** (graphic matroid) といわれる．より正確に定義すると次のようになる．マトロイド $M = (E, \mathcal{I})$ と $M' = (E', \mathcal{I}')$ は，$X \in \mathcal{I}$ のとき，かつそのときに限って $\phi(X) \in \mathcal{I}'$ であるような全単射

$$\phi : E \to E'$$

が存在するとき，**同型** (isomorphic) であるといわれる．マトロイドは，それがあるグラフ $G$ に付随するマトロイド $M(G)$ と同型であるとき，($G$ に付随す

る) グラフ的マトロイドといわれる．

グラフ $G$ に付随するマトロイド $M(G)$ の基は，極大な $G$ の全域森の辺集合である．極大な $G$ の全域森とは連結成分の数が $G$ の連結成分の数と等しい全域森である．したがって，$G$ が連結グラフであれば，$M(G)$ の基は $G$ の全域木の辺集合となる．表 4–1 は，連結グラフ $G$ と $G$ に付随するグラフ的マトロイド $M(G)$ の対応する概念を示している．

表 4–1　連結グラフ $G$ とグラフ的マトロイド $M(G)$ の対応する概念

| $G$ | $M(G)$ |
|---|---|
| 森の辺集合 | 独立集合 |
| 全域木の辺集合 | 基 |
| 閉路を含む辺の集合 | 従属集合 |
| 閉路 | サーキット |

次の定理は，一般の独立系に対しては必ずしも成立しない，マトロイド固有の性質の 1 つである．

[定理 4–2]　マトロイドの任意の 2 つの基の要素数は等しい．

証明：背理法で証明する．マトロイド $M = (E, \mathcal{I})$ に基 $X$ と $Y$ ($\in \mathcal{I}$) が存在して，$|X| > |Y|$ であったと仮定する．$X$ と $Y$ は $M$ の独立集合であるから，(I2) 条件より，$Y \cup \{x\} \in \mathcal{I}$ となる要素 $x$ ($\in X \setminus Y$) が存在する．しかしこれは，$Y$ が極大な独立集合，すなわち，基であることに反する．したがって，$|X| \leq |Y|$ であることが分かる．また，同様に $|X| < |Y|$ と仮定すると，$X$ が極大な独立集合であることに反するので，$|X| \geq |Y|$ であることも示すことができる．したがって，$|X| = |Y|$ と結論できる．　　□

この定理は，連結グラフの全域木の辺数はすべて同じで，点数より 1 だけ小さいという，21 ページの定理 1–5 に基づく事実の自然な一般化になっている．ここで，マトロイドでは，基，すなわち，極大な独立集合の要素数は等しいということに着目して，マトロイドを定義してみよう．

[例 4–7] 集合 $E$ と自然数 $k$ ($\leq |E|$) に対して，要素数が $k$ 以下の $E$ の部分集合から成る族を $\mathcal{I}$ を考える．すなわち，

$$\mathcal{I} = \{X \mid X \subseteq E, |X| \leq k\}$$

である．このとき，$M = (E, \mathcal{I})$ はマトロイドである．

実際，$|\emptyset| \leq k$ であるから $\emptyset \in \mathcal{I}$ であり，$M$ は (I0) 条件を満たす．また，要素数が $k$ 以下の任意の $E$ の部分集合 $X$ ($\in \mathcal{I}$) に対して，その任意の部分集合 $Y$ ($\subseteq X$) の要素数は $k$ 以下であり $Y \in \mathcal{I}$ であるので，$M$ は (I1) 条件を満たす．さらに，$X, Y \in \mathcal{I}$ であり $|Y| < |X|$ であるとき，任意の要素 $x$ ($\in X \setminus Y$) に対して $|Y \cup \{x\}| \leq k$ であるから，$M$ は (I2) 条件を満たす．以上のことから，$M$ はマトロイドであることが分かる．このマトロイドを**一様マトロイド** (uniform matroid) という．

例えば，$E_3 = \{e_1, e_2, e_3\}$ に対して，

$$\mathcal{I}_3^2 = \{\emptyset, \{e_1\}, \{e_2\}, \{e_3\}, \{e_1, e_2\}, \{e_1, e_3\}, \{e_2, e_3\}\}$$

と定義すると，$M_3^2 = (E_3, \mathcal{I}_3^2)$ は一様マトロイドである．また，$M_3^2$ はグラフ的マトロイドでもある．簡単に分かるように，$M_3^2$ は完全グラフ $K_3$ に付随するグラフ的マトロイド $M(K_3)$ と同型である．

また，$E_4 = \{e_1, e_2, e_3, e_4\}$ に対して，

$$\mathcal{I}_4^2 = \{\emptyset, \{e_1\}, \{e_2\}, \{e_3\}, \{e_4\},$$
$$\{e_1, e_2\}, \{e_1, e_3\}, \{e_1, e_4\}, \{e_2, e_3\}, \{e_2, e_4\}, \{e_3, e_4\}\}$$

と定義すると，$M_4^2 = (E_4, \mathcal{I}_4^2)$ は一様マトロイドである．それでは，$M_4^2$ はグラフ的マトロイドであろうか．$M_4^2$ がグラフ的マトロイドであるとすると，$\{e_1, e_2\}$, $\{e_1, e_3\}$, $\{e_2, e_3\}$ が極大な全域森であることから，対応するグラフは $K_3$ を全域部分グラフとして含むことになる．しかし，$\{e_1, e_4\}$, $\{e_2, e_4\}$, $\{e_3, e_4\}$ も極大な全域森であるが，$e_1, e_2, e_3$ の任意の1本の辺と $e_4$ で全域森を構成するように $K_3$ に $e_4$ を付加することはできない．したがって，$M_4^2$ はグラフ的マトロイドでないことが分かる． □

[例題 4–3] $(E_1, E_2, \ldots, E_k)$ を集合 $E$ の分割とし,
$$\mathcal{I} = \{ X \mid X \subseteq E, |X \cap E_i| \leq 1 \ (1 \leq i \leq k) \}$$
と定義したとき, $M = (E, \mathcal{I})$ はマトロイドであることを示せ.

**解:** まず, $|\emptyset \cap E_i| \leq 1 \ (1 \leq i \leq k)$ であるから $\emptyset \in \mathcal{I}$ であり, $M$ は (I0) 条件を満たす. また, $E$ の部分集合 $X$ において $|X \cap E_i| \leq 1 \ (1 \leq i \leq k)$ であるとき, 任意の部分集合 $Y \ (\subseteq X)$ に対して $|Y \cap E_i| \leq 1 \ (1 \leq i \leq k)$ であるから, $M$ は (I1) 条件を満たす. さらに, $X, Y \in \mathcal{I}$ であり $|Y| < |X|$ であるとき, $X \cap E_j \neq \emptyset$ かつ $Y \cap E_j = \emptyset$ である $j$ が存在する $(1 \leq j \leq k)$. このとき, $X \cap E_j = \{x\}$ とすると $Y \cup \{x\} \in \mathcal{I}$ であるから, $M$ は (I2) 条件を満たす. 以上のことから, $M$ はマトロイドであることが分かる. □

例題 4–3 のマトロイドを**分割マトロイド** (partition matroid) という. 分割マトロイドは, 並列辺も存在するような**多重グラフ** (multigraph) に付随するグラフ的マトロイドである. すなわち, すべての $i \ (1 \leq i \leq k)$ に対して $|E_i| = 1$ である集合 $E$ の分割 $(E_1, E_2, \ldots, E_k)$ に対応する分割マトロイドは, 辺数 $k$ の任意の森 (閉路を含まないグラフ) に付随するグラフ的マトロイドとなり, ある $i \ (1 \leq i \leq k)$ に対して $|E_i| > 1$ である場合には, 森の $i$ 番目の辺を $|E_i|$ 本の並列辺で置き換えた多重グラフに付随するグラフ的マトロイドとなる.

**(2) マトロイドと貪欲アルゴリズム**

独立系 $M = (E, \mathcal{I})$ と重み関数 $w : E \to \mathcal{R}$ が与えられたとき, 任意の要素 $e \ (\in E)$ に対して $w(e)$ を $e$ の**重み** (weight) という. また, 任意の部分集合 $S \ (\subseteq E)$ に対して,
$$w(S) = \sum_{e \in S} w(e)$$
を $S$ の**重み** (weight) という. 独立系 $M$ の重み最大の基を**最大基** (maximum base) といい, $M$ の最大基を求める問題を**最大基問題** (maximum base problem) という. すなわち, $\mathcal{I}$ を性質 $\mathcal{P}$ を満たす $E$ の部分集合の族と考えると, 最大

基問題は性質 $\mathcal{P}$ を満たす $E$ の部分集合の中で重みが最大であるものを求める問題である．この問題は，次のように記述することができる．

---
**最大基問題**
入力：独立系 $M = (E, \mathcal{I})$，重み関数 $w : E \to \mathcal{R}$
質問：$M$ の最大基を1つ示せ．

---

多くの最適化問題が**最大基問題**として定式化できることが知られている．

［例 4–8］巡回セールスマン問題は最小化問題であるが，対応する次のような最大化問題：

---
**最大巡回セールスマン問題**
入力：完全グラフ $K_n$，重み関数 $w : E(K_n) \to \mathcal{R}^+$
質問：ネットワーク $(K_n, w)$ の重み最大のハミルトン閉路を1つ示せ．

---

は，116 ページの例題 4–1 から，**最大基問題**として定式化できることが分かる．すなわち，**最大巡回セールスマン問題**の入力である完全グラフ $K_n$ に対して，例題 4–1 で定義した独立系 $M_n$ の基は $K_n$ のハミルトン閉路の辺集合となる．したがって，**最大巡回セールスマン問題**は $M_n$ の最大基を求める**最大基問題**と考えることができる．

また，118 ページの定理 4–1 の議論から，**最大全域木問題**も**最大基問題**として定式化できることが分かる．すなわち，**最大全域木問題**の入力である連結グラフ $G$ に対して，$G$ に付随するグラフ的マトロイド $M(G)$ の基は全域木となる．したがって，**最大全域木問題**は $M(G)$ の最大基を求める**最大基問題**と考えることができる． □

次のアルゴリズムは，最大基問題の最適解や近似解を求めるために用いられており，貪欲アルゴリズムとしてよく知られている．

■ **アルゴリズム 4–1** (貪欲アルゴリズム [最大基問題])

入力：独立系 $M = (E, \mathcal{I})$，重み関数 $w : E \to \mathcal{R}$ (ただし，$|E| = m$ とする)
出力：$M$ の基 $B$

**ステップ 0：** $E$ の要素を重みの降順に並べ換える．
$$(w(e_1) \geq w(e_2) \geq \cdots \geq w(e_m) \text{ とする})$$
**ステップ 1：** $i = 1, B = \emptyset$ とする．
**ステップ 2：** $B \cup \{e_i\} \in \mathcal{I}$ ならば，$B = B \cup \{e_i\}$ とする．
**ステップ 3：** $i = m$ ならば，$B$ を出力して終了する．
**ステップ 4：** $i = i + 1$ として，ステップ 2 に戻る． ∎

アルゴリズム 4-1 は，最大基問題の最適解を必ずしも出力しない．しかし，入力の独立系 $M$ が連結グラフに付随するグラフ的マトロイドであるならば，最大基問題は，最大全域木問題に対応する．また，このとき，アルゴリズム 4-1 は 3-3 節のアルゴリズム 3-8 (最大全域木アルゴリズム (クラスカル), 99 ページ) そのものであることに注意しよう．101 ページの補題 3-1 からアルゴリズム 3-8 が最大全域木問題の最適解を求めることから，入力の独立系 $M$ が連結グラフに付随するグラフ的マトロイドであるならば，最大基問題の最適解がアルゴリズム 4-1 により求められることが分かる．

最大基問題の入力の大きさは $m\ (=|E|)$ とする．したがって，$\mathcal{I}$ の大きさは最大で $2^m$ であるため，$\mathcal{I}$ が要素を列挙する方法で与えられるとすると，$\mathcal{I}$ を入力するため，もしくは，ステップ 2 で集合 $B \cup \{e_i\}$ が $\mathcal{I}$ に含まれるか否かを調べるために $O(2^m)$ 時間が必要となり，アルゴリズムが多項式時間アルゴリズムとならない可能性がある．そこで，一般には，$\mathcal{I}$ と同じ情報を持つ性質 $\mathcal{P}$ を考え，集合が性質 $\mathcal{P}$ を満たすかどうかを調べる．このためアルゴリズム 4-1 の時間計算量は入力の独立系に依存する．すなわち，ステップ 2 における集合 $B \cup \{e_i\}$ が独立集合であるか否かの判定，言い替えれば，集合 $B \cup \{e_i\}$ が性質 $\mathcal{P}$ を満たすか否かの判定に必要な時間計算量に依存する．

次の定理は，アルゴリズム 4-1 が最適解を出力するための離散構造を完全に特徴付けている．

**[定理 4-3]** $M = (E, \mathcal{I})$ を独立系とする．このとき，任意の重み関数 $w : E \to \mathcal{R}$ に対して，アルゴリズム 4-1 で $M$ の最大基が求められるための必要十分条件は，$M$ がマトロイドであることである．

**証明**：まず，$M$ がマトロイドであるとき，任意の重み関数 $w$ に対して，**アルゴリズム 4–1** の出力 $B$ は $M$ の最大基であることを証明する．$B$ が基，すなわち，極大な独立集合であることは明らかである．そこで，$B$ の重みが最大であることを背理法で示す．

アルゴリズム 4–1 で $B$ に加えられた順に $B$ の各要素に番号を付けて

$$B = \{x_1, x_2, \ldots, x_r\}$$

であるものとする．定義から，

$$w(x_1) \geq w(x_2) \geq \cdots \geq w(x_r)$$

である．$B$ が最大基ではないと仮定して，

$$Y = \{y_1, y_2, \ldots, y_r\}$$

が最大基であるものとする．ただし，

$$w(y_1) \geq w(y_2) \geq \cdots \geq w(y_r)$$

とする．$B$ と $Y$ はともに基であるので，定理 4–2 から，$|B| = |Y|$ であることに注意しよう．また，任意の $i$ $(1 \leq i \leq r)$ に対して，

$$B_i = \{x_1, x_2, \ldots, x_i\}, \quad Y_i = \{y_1, y_2, \ldots, y_i\}$$

と定義し，$B_0 = \emptyset$ とする．

$B$ は最大基ではなく $Y$ が最大基である，すなわち，$w(B) < w(Y)$ であると仮定したので，$w(x_j) < w(y_j)$ となる $j$ が存在する $(1 \leq j \leq r)$．このとき，(I1) 条件より，$B_{j-1}, Y_j \in \mathcal{I}$ である．また，$|B_{j-1}| < |Y_j|$ であるから，(I2) 条件より，$B_{j-1} \cup \{y_k\} \in \mathcal{I}$ となる要素 $y_k$ $(\in Y_j \setminus B_{j-1})$ が存在することが分かる．$1 \leq k \leq j$ であるから，

$$w(y_k) \geq w(y_j) > w(x_j)$$

であるが，$y_k \in E \setminus B_{j-1}$ であるから，アルゴリズム 4–1 は $x_j$ を $B$ に追加する前に $y_k$ を $B$ に追加するはずであり，$B$ がアルゴリズム 4–1 の出力であるという仮定に反する．したがって，$B$ は $M$ の最大基であることが分かる．

次に，$M$ がマトロイドではないとき，アルゴリズム 4–1 の出力 $B$ が $M$ の

最大基とはならないような重み関数が存在することを示す．$M$ がマトロイドではないとき，次の 2 つの条件を満たす $M$ の独立集合 $X$ と $Y$ が存在する：

- $1 \leq |Y| < |X|$；
- 任意の要素 $e\ (\in X \setminus Y)$ に対して，$Y \cup \{e\} \notin \mathcal{I}$．

重み関数 $w$ を次のように定義する：

$$w(e) = \begin{cases} 1+\epsilon & e \in Y \text{ のとき} \\ 1 & e \in X \setminus Y \text{ のとき} \\ 0 & \text{その他のとき．} \end{cases}$$

ただし，$0 < \epsilon < 1/|Y|$ であるものとする．ここで，$Y$ を含む任意の独立集合を $B_Y$ とすると，$Y$ に含まれない $X$ のどの要素を $Y$ に加えても独立集合でなくなるので，

$$B_Y \cap (X \setminus Y) = \emptyset$$

である．したがって，$B_Y$ の重みが 0 でない要素は $Y$ の要素のみであり，

$$w(B_Y) = |Y|(1+\epsilon) < |Y| + 1$$

である．また，$X$ を含む任意の独立集合を $B_X$ とすると，$B_X$ の重みが 0 でない要素は $X$ の要素のみであり，その重みは $1+\epsilon$ もしくは 1 であるので，

$$w(B_X) \geq |X| \geq |Y| + 1$$

である．したがって，

$$w(B_Y) < w(B_X)$$

である．すなわち，$Y$ を含む任意の独立集合の重みは $X$ を含む任意の独立集合の重みよりに真に小さい．したがって，$Y$ を含む任意の極大な独立集合，すなわち，基の重みは，$X$ を含む任意の基の重みよりも小さく，$Y$ を含む任意の基は $M$ の最大基ではないことが分かる．一方，ステップ 0 で要素を並べ換えたとき，$e_1$ から $e_{|Y|}$ はすべて $Y$ の要素であるので，**アルゴリズム 4-1** は $B$ として $Y$ を含む基を出力する．したがって，このとき，**アルゴリズム 4-1** によって最大基は得られないことが分かる． □

[例 4–9] 完全グラフ $K_n$ ($n \geq 3$) の辺集合と 116 ページの例題 4–1 で定義した

$$\mathcal{I}_n = \{ X \mid X \subseteq E(C) \text{ となる } K_n \text{ のハミルトン閉路 } C \text{ が存在する} \}$$

の組みから成る独立系 $M_n$ を考える.

まず, $M_3 = (E(K_3), \mathcal{I}_3)$ について考える. 簡単に確かめられるように $M_3$ は, 一様マトロイドである. したがって, 定理 4–3 より**アルゴリズム 4–1** は最大基を出力する. 実際, $K_3$ のハミルトン閉路は唯一であり, その重みは自明に最大である. また, **アルゴリズム 4–1** はいかなる重み関数によってもその唯一のハミルトン閉路の辺集合を出力する.

次に, $M_4 = (E(K_4), \mathcal{I}_4)$ について考える. $V(K_4) = \{a, b, c, d\}$ とし,

$$X = \{(a,c), (b,c), (b,d)\}, \quad Y = \{(a,b), (b,c)\}$$

とすると, 辺の集合 $X$ と $Y$ はそれぞれ $M_4$ の独立集合である (図 4–6 参照). また, $X \setminus Y$ の辺 $(a,c)$ を $Y$ に加えたとき $K_4 \langle Y \cup \{(a,c)\} \rangle$ は長さ 3 の閉路を含み, 辺 $(b,d)$ を $Y$ に加えたとき $K_4 \langle Y \cup \{(b,d)\} \rangle$ は次数 3 の点を含むため, いずれも $M_4$ の独立集合とならない. したがって, $M_4$ はマトロイドではなく, 定理 4–3 より**アルゴリズム 4–1** が最大基を出力しない重み関数が存在する.

図 4–6 に示す完全グラフ $K_4$ の各辺の側に付されている値は, 定理 4–3 の証明で用いた最大基を出力しない重み関数による各辺の重みを表す. ただし, $0 < \epsilon < 1/2$ である. **アルゴリズム 4–1** は, 重み $2 + 2\epsilon$ の $Y$ を含む基 $Y \cup \{(a,d), (c,d)\}$ を出力するが, 最大基は $X \cup \{(a,d)\}$ でその重みは $3 + \epsilon$ である.

また, $M_n = (E(K_n), \mathcal{I}_n)$ ($n > 5$) も, $K_n$ は $K_4$ を部分グラフとして含むためマトロイドでないことが分かり, **アルゴリズム 4–1** が最大基を出力しない重み関数が存在する. 例えば, $K_4$ と同型な $K_n$ のある部分グラフの辺に図 4–6 に示すように重みを与え, その他の辺の重みをすべて 0 とすればよい. また, $n \geq 7$ ならば, 117 ページの例題 4–2 で示した $X$ と $Y$ を使い, $X$ の辺の重みを 1, $Y$ の辺の重みを $1 + \epsilon$ ($0 < \epsilon < 1/3$), その他の辺の重みを 0 とすると, 最大基の重みは 4 であるが, **アルゴリズム 4–1** は重み $3 + 3\epsilon$ の基を出力する. □

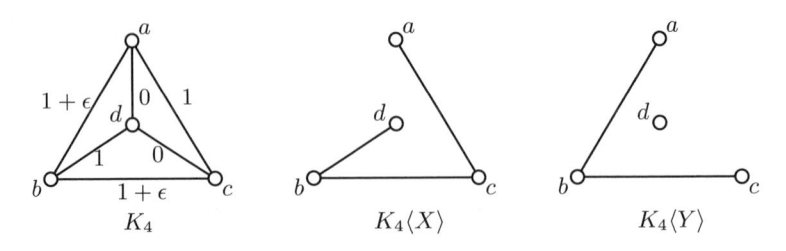

図 4-6 完全グラフ $K_4$, グラフ $K_4\langle X \rangle$, およびグラフ $K_4\langle Y \rangle$

[例題 4–4] 要素の重みがすべて異なるとき，マトロイドの最大基は一意的であることを示せ．

**解**：背理法で証明する．$M = (E, \mathcal{I})$ をマトロイドとし，$w : E \to \mathcal{R}$ をその重み関数とする．定理 4–3 よりアルゴリズム 4–1 は $M$ の最大基を出力するが，要素の重みがすべて異なるので，ステップ 0 で重みの降順に要素を並べ替えたとき，その順序は一意的である．したがって，アルゴリズム 4–1 が出力する最大基は一意的である．アルゴリズム 4–1 が出力する最大基 $B$ とは異なる最大基 $Y$ が存在すると仮定して，矛盾を導く．

アルゴリズム 4–1 で $B$ に加えられた順に $B$ の各要素に番号を付けて

$$B = \{x_1, x_2, \ldots, x_r\}$$

とする．ただし，

$$w(x_1) \geq w(x_2) \geq \cdots \geq w(x_r)$$

であるものとする．また，

$$Y = \{y_1, y_2, \ldots, y_r\}$$

とする．ただし，

$$w(y_1) \geq w(y_2) \geq \cdots \geq w(y_r)$$

であるものとする．さらに，任意の $i$ $(1 \leq i \leq r)$ に対して，

$$B_i = \{x_1, x_2, \ldots, x_i\}, \quad Y_i = \{y_1, y_2, \ldots, y_i\}$$

と定義し，$B_0 = \emptyset$ とする．

仮定より $w(B) = w(Y)$ であるが，$B$ と $Y$ は異なり，要素の重みもすべて異なるので，$w(x_j) < w(y_j)$ となる $j$ が存在する $(1 \leq j \leq r)$．このとき，(I1) 条件より，$B_{j-1}, Y_j \in \mathcal{I}$ である．また，$|B_{j-1}| < |Y_j|$ であるから，(I2) 条件より，$B_{j-1} \cup \{y_k\} \in \mathcal{I}$ となる要素 $y_k \ (\in Y_j \setminus B_{j-1})$ が存在することが分かる．$1 \leq k \leq j$ であるから，

$$w(y_k) \geq w(y_j) > w(x_j)$$

であるが，$y_k \in E \setminus B_{j-1}$ であるから，アルゴリズム 4–1 は $x_j$ を $B$ に追加する前に $y_k$ を $B$ に追加するはずであり，$B$ がアルゴリズム 4–1 の出力であるという仮定に反する．したがって，$B$ と異なる最大基は存在しないことが結論できる． □

## 4–3 問題の難しさ

### (1) NP と P

本節では，問題の難しさに関する理論の基礎となる，P 問題，および NP 問題と呼ばれる判定問題と NP 完全という概念を直感的に説明する．NP 問題は我々が扱う判定問題であり，P 問題は難しくはない判定問題である．また，NP 完全は NP 問題と呼ばれる判定問題の集合の中で判定問題が相対的に最も難しいことを示す概念である．

我々が扱うアルゴリズムは，一般的に，その動作が入力によって一意に定まる**決定性アルゴリズム** (deterministic algorithm) であるのに対し，その動作が入力によって一意に定まらないアルゴリズムを**非決定性アルゴリズム** (nondeterministic algorithm) という．[3]

$\Pi = (I, Q(x))$ を判定問題としよう．判定問題 $\Pi$ を解く決定性のアルゴリズムでは，入力 $s \ (\in I)$ に対する問題例 $\Pi(s)$ の答えが「Yes」であるとき「Yes」と出力し，答えが「No」であるとき「No」と出力する．一方，判定問題 $\Pi$ を解く非決定性のアルゴリズムでは，$\Pi(s)$ の答えが「Yes」であるとき，$s$ によっ

---

[3] 確率的アルゴリズムは乱数を入力の一種と考えると動作は入力によって定まるため，ここでは決定性アルゴリズムの一種と考える．

て引き起こされる可能性がある動作の中に少なくとも1つ「Yes」と出力する動作が存在し,答えが「No」であるとき,$s$ によって引き起こされるすべての動作において「No」と出力する.

その問題を解く決定性の多項式時間アルゴリズムが存在する判定問題を,多項式 (polynomial) に由来し,**P** 問題 (P-problem) といい,すべての P 問題から成る集合を **P** で表す.同様に,その問題を解く非決定性の多項式時間アルゴリズムが存在する判定問題を,非決定性多項式 (nondeterministic polynomial) に由来し,**NP** 問題 (NP-problem) といい,すべての NP 問題から成る集合を **NP** で表す.

**NP** に属する判定問題を解くための様々な種類の非決定性アルゴリズムを考えることができるが,ここでは非決定性を限定したアルゴリズムについて簡単に説明しよう.

我々が扱う判定問題では,問題例の答えが「Yes」であることを示す証拠 $\gamma$ を考えることができる.さらに,証拠 $\gamma$ が与えられたとき,$\gamma$ が実際に問題例の答えが「Yes」であることを示す証拠であることを確認する決定性の多項式時間アルゴリズムが存在したとすると,その判定問題を解く次のような非決定性の多項式時間アルゴリズムを構成できる.

■ **アルゴリズム 4-2** (非決定性判定アルゴリズム [判定問題])

入力:$s\ (\in I)$ (ただし,$\Pi = (I, Q(x))$ は判定問題)
出力:「Yes」または「No」

**ステップ 1**: $s$ に対する証拠 $\gamma$ を非決定的に定める.
**ステップ 2**: $\gamma$ が「Yes」の証拠ならば「Yes」を出力し,そうでなければ「No」を出力する. ■

証拠 $\gamma$ が問題例が「Yes」であることを示す証拠であることを確認する決定性の多項式時間アルゴリズムが存在するという前提に立つと,**アルゴリズム 4-2** のステップ 2 の時間計算量は入力の大きさ $|s|$ の多項式オーダであるため,$\gamma$ の大きさは $|s|$ の多項式オーダであることが分かる.したがって,**アルゴリズム 4-2** のステップ 1 で $\gamma$ を非決定的に定めるための時間計算量も $|s|$ の多項式

オーダと考えることができる.

　このアルゴリズムでは，答えが「Yes」であるにもかかわらず，ステップ 1 で誤った証拠を $\gamma$ として定めると答として「No」が出力されるように思われる．しかし，非決定性アルゴリズムでは，答えが「Yes」のときに少なくとも 1 つ「Yes」と出力する動作が存在すればよいので，「Yes」を出力する証拠 $\gamma$ が存在することが重要である．すなわち，ステップ 1 では「Yes」を出力する正しい証拠が存在するとき，その正しい証拠が定められると考えればよい．

　このようなアルゴリズムでは，アルゴリズムの非決定性は証拠 $\gamma$ の与え方のみにより，それ以外は決定性である．すなわち，証拠 $\gamma$ が与えられたとき，その $\gamma$ が問題例の答えが「Yes」であることを示す証拠であることを確認する決定性の多項式時間アルゴリズムが存在するとき，その判定問題は NP 問題という，と考えればよい．

[例 4–10]　以下の判定問題はすべて **NP** に属す．

(1) 連結オイラーグラフ判定問題 (**C-EG**)
　入力：連結グラフ $G$
　質問：$G$ はオイラーグラフか．

(2) 連結性判定問題 (**CON**)
　入力：グラフ $G$
　質問：$G$ は連結か．

(3) 距離判定問題 (**DIS**)
　入力：連結グラフ $G$, 重み関数 $w : E(G) \to \mathcal{R}^+$, 2 点 $u, v\ (\in V(G))$,
　　　　非負実数 $r\ (\in \mathcal{R}^+)$
　質問：$\mathbf{dis}_{(G,w)}(u,v) \leq r$ か．

(4) 最大 [最小] 全域木判定問題 (**MAX-ST[MST]**)
　入力：連結グラフ $G$, 重み関数 $w : E(G) \to \mathcal{R}$, 実数 $r\ (\in \mathcal{R})$
　質問：ネットワーク $(G, w)$ に重み $r$ 以上 [以下] の全域木が存在するか．

(5) **連結2部グラフ判定問題 (C-BG)**
入力：連結グラフ $G$
質問：$G$ は2部グラフか．

実際，これらの判定問題には以下のように，答えが「Yes」であるときに入力の大きさの多項式オーダで確認できる証拠が存在する：

(1) $G$ のオイラー閉トレイル，あるいは $G$ のすべての点の次数；
(2) $G$ のすべての点対の間の路の集合，あるいは $G$ の全域木；
(3) $(G, w)$ の重み $r$ 以下の $(u, v)$ 路；
(4) $(G, w)$ の重み $r$ 以上［以下］の全域木；
(5) $G$ の2分割．

例えば，(1) で $G$ のオイラー閉トレイルが証拠として与えられたとすると，与えられたオイラー閉トレイルの辺がすべて $E(G)$ に属すか，また，$E(G)$ のすべての辺が与えられたオイラー閉トレイルに含まれるかを確かめ，与えられたオイラー閉トレイルで隣接する辺の端点が一致するかを確かめればよく，これらは明らかに辺数の多項式オーダで確認できる． □

[例題 4–5] 以下の判定問題はすべて **NP** に属すことを示せ．

(1) **3彩色判定問題 (3-COL)**
入力：グラフ $G$
質問：$\chi(G) \leq 3$ か．

(2) **ハミルトングラフ判定問題 (HG)**
入力：グラフ $G$
質問：$G$ はハミルトングラフか．

(3) **巡回セールスマン判定問題 (TS)**
入力：完全グラフ $K_n$，重み関数 $w : E(K_n) \to \mathcal{R}^+$，非負実数 $r\,(\in \mathcal{R}^+)$
質問：ネットワーク $(K_n, w)$ に重み $r$ 以下のハミルトン閉路が存在するか．

(4) 独立点集合判定問題 (IS)
入力：グラフ $G$，自然数 $k\ (\in \mathcal{N})$
質問：$G$ に $k$ 個以上の点から成る独立点集合が存在するか．

(5) グラフ同型判定問題 (ISO)
入力：グラフ $G, H$
質問：$G$ と $H$ は同型か．

**解**：各判定問題の答えが「Yes」であるときの証拠を示す：

(1) $G$ の 3 色以下での彩色；
(2) $G$ のハミルトン閉路；
(3) $(K_n, w)$ の重み $r$ 以下のハミルトン閉路；
(4) $G$ の $k$ 個以上の点から成る独立点集合；
(5) $G$ と $H$ の同型写像．

簡単に分かるように，これらの証拠は入力の大きさの多項式オーダで確認できるので，これらの判定問題は **NP** に属す． □

我々が遭遇する多くの判定問題は NP 問題であるが，NP 問題であるかどうか明らかでない判定問題も存在する．例えば，「与えられたグラフがハミルトングラフでないか．」と問う判定問題を考えると，ハミルトングラフであることの証拠としては，多項式オーダで確認できるハミルトン閉路が存在するが，ハミルトングラフでないことの証拠を与えることは難しい．実際，この判定問題が NP 問題であるかどうかは知られていない．

前節までに，いくつかの判定問題に対する多項式時間アルゴリズムや，最適化問題に対する多項式時間アルゴリズムを示した．最適化問題に対する多項式時間アルゴリズムを用いて，付随する判定問題に対する多項式時間アルゴリズムを簡単に構成できる．それらのアルゴリズムは対応する判定問題が **P** に属す証拠となる．

［例 4–11］ 例 4–10 の判定問題はすべて **P** に属す． □

(決定性の) 多項式時間アルゴリズムは非決定性の多項式時間アルゴリズムでもある．**アルゴリズム 4–2** を用いて説明すれば，ステップ 1 で，証拠 $\gamma$ を適当に生成し (空でよい)，ステップ 2 で，ステップ 1 で生成した $\gamma$ にかかわらず，判定問題を解く (決定性の) 多項式時間アルゴリズムを実行すれば，非決定性の多項式時間アルゴリズムとなる．もしくは，判定問題を解く (決定性の) 多項式時間アルゴリズムを，答えが「Yes」であるときの証拠と考えることができる．したがって，$\mathbf{P} \subseteq \mathbf{NP}$ である．

$\mathbf{P} = \mathbf{NP}$ であるか否か，すなわち，すべての NP 問題が多項式時間アルゴリズムで解けるか否かは知られていない．

**（2） 多項式時間還元**

NP 問題の中には，難しくないと考えることができる $\mathbf{P}$ に属すことが知られた問題と，$\mathbf{P}$ に属すか否かが知られていない問題がある．本節では，NP 問題の難易度を議論する上で重要な考え方である**多項式時間還元** (polynomial time reduction) について述べる．

$\Pi_1 = (I_1, Q_1(x))$ と $\Pi_2 = (I_2, Q_2(x))$ を **NP** に属す 2 つの判定問題とする．次の 2 つの条件を満足する写像

$$\phi : I_1 \to I_2$$

を $\Pi_1$ から $\Pi_2$ への**多項式時間還元** (polynomial time reduction) という：

(1) 入力 $s\ (\in I_1)$ が与えられたとき，$\phi(s)$ は入力の大きさ $|s|$ の多項式オーダのアルゴリズムで計算できる；
(2) $\Pi_1(s)$ の答えが「Yes」のとき，かつそのときに限り $\Pi_2(\phi(s))$ の答えが「Yes」である．

**NP** に属す判定問題 $\Pi_1$ から $\Pi_2$ への多項式時間還元が存在するとき，

$$\Pi_1 \propto \Pi_2$$

と表現する．

[例 4–12] ハミルトングラフ判定問題 (**HG**) $\propto$ 巡回セールスマン判定問題 (**TS**) である．このことは，すでに 40 ページの例題 1–13 で暗黙のうちに示し

ているが，多項式時間還元という観点から再び説明する．

**TS** の入力は，$n$ 点から成る完全グラフ $K_n$，$K_n$ の辺に対する重み関数 $w$ と非負実数 $r$ の組 $(K_n, w, r)$ である．以下では，**HG** の入力であるグラフ $G$ に応じて **TS** の入力 $(K_n, w, r)$ を定める．

まず，完全グラフ $K_n$ の点数を $G$ の点数と定める．すなわち，$n = |V(G)|$ とする．次に，$K_n$ の辺の重みを次のように定義する：

$$w(e) = \begin{cases} 1 & e \in E(G) \text{ のとき} \\ 2 & e \notin E(G) \text{ のとき．} \end{cases}$$

40 ページの例題 1–13 で考察したように，$G$ がハミルトングラフであるための必要十分条件は，ネットワーク $(K_n, w)$ に重み $n$ のハミルトン閉路が存在することである．$n$ が 2 以下の場合も，$G$ はハミルトングラフではなく，ネットワーク $(K_n, w)$ にハミルトン閉路は存在しない．そこで，$r = n$ として，$G$ に $(K_n, w, n)$ を対応させる写像を $\phi$ とする．これは，多項式時間還元の条件 (2) を満たす．また，簡単に分かるように，$K_n$ と $w$ と $n$ は，$|V(G)|$ の多項式オーダで計算できるので，多項式時間還元の条件 (1) を満たす．したがって，$\phi$ は **HG** から **TS** への多項式時間還元である． □

$\Pi_1$ から $\Pi_2$ への多項式時間還元が存在するということは，$\Pi_2$ が **P** に属すならば $\Pi_1$ も **P** に属すということを示している．すなわち，入力 $s \, (\in I_1)$ に対し，多項式時間還元 $\phi$ を用いて多項式オーダで $\phi(s)$ を計算し，$\Pi_2$ に対する多項式時間アルゴリズムで $\phi(s)$ の答えを求めるアルゴリズムが，$\Pi_1$ に対する多項式時間アルゴリズムとなる．これは，$\Pi_2$ は $\Pi_1$ よりも易しくはないことを，言い替えれば，$\Pi_1$ は $\Pi_2$ よりも難しくはないことを示している．

次の定理は，**NP** に属す任意の判定問題はその任意の部分問題よりも易しくはないことを示している．

[定理 4–4] **NP** に属す判定問題 $\Pi$ とその任意の部分問題 $\Pi'$ に対して，

$$\Pi' \propto \Pi$$

である．

**証明**：$\Pi = (I, Q(x))$ とし $\Pi' = (I', Q(x))$ とすると $I' \subseteq I$ である．明らかに，入力 $s \, (\in I')$ を入力 $s \, (\in I)$ に対応させる写像は $\Pi'$ から $\Pi$ への多項式時間還元である． □

次の定理は **NP** に属す任意の判定問題 $\Pi_1, \Pi_2, \Pi_3$ に対して，$\Pi_1 \propto \Pi_2$ かつ $\Pi_2 \propto \Pi_3$ であるならば，$\Pi_1 \propto \Pi_3$ であることを示している．すなわち，**NP** 上の多項式時間還元が存在するという関係 $\propto$ は推移律を満たす関係である．[4]

[定理 4–5]　$\propto$ は推移律を満たす．

**証明**：$\Pi_i = (I_i, Q_i(x))$ $(i = 1, 2, 3)$ とし，$\phi$ が $\Pi_1$ から $\Pi_2$ への多項式時間還元であり，$\psi$ が $\Pi_2$ から $\Pi_3$ への多項式時間還元であるとする．以下では，合成写像[5] $\psi \circ \phi$ が $\Pi_1$ から $\Pi_3$ への多項式時間還元であることを示す．

まず，入力 $s \, (\in I_1)$ が与えられたとき，$\phi(s)$ は入力の大きさ $|s|$ の多項式オーダのアルゴリズムで計算できる．また，入力 $\phi(s) \, (\in I_2)$ に対して，$\psi(\phi(s))$ も入力の大きさ $|\phi(s)|$ の多項式オーダのアルゴリズムで計算できる．したがって，入力 $s \, (\in I_1)$ が与えられたとき，$\psi \circ \phi(s)$ は入力の大きさ $|s|$ の多項式オーダのアルゴリズムで計算できることが分かる．

また，$\Pi_1(s)$ の答えが「Yes」のとき，かつそのときに限り $\Pi_2(\phi(s))$ の答えが「Yes」である．さらに，$\Pi_2(\phi(s))$ の答えが「Yes」のとき，かつそのときに限り $\Pi_3(\psi(\phi(s)))$ の答えが「Yes」である．したがって，$\Pi_1(s)$ の答えが「Yes」のとき，かつそのときに限り $\Pi_3(\psi \circ \phi(s))$ の答えが「Yes」である．

以上のことから，$\psi \circ \phi$ は $\Pi_1$ から $\Pi_3$ への多項式時間還元である． □

**（3）　NP 完全**

多項式時間還元を用いて，NP 問題のどの問題よりも易しくはない NP 問題が定義できる．

判定問題 $\Pi_0$ は，次の 2 つの条件を満たすとき，**NP 完全** (NP-complete) であるという：

---

[4] 関係と推移律については付録 2 参照．
[5] 合成写像については付録 2 参照．

(1) $\Pi_0 \in \mathbf{NP}$ ;
(2) 任意の NP 問題 $\Pi$ に対して, $\Pi \propto \Pi_0$.

**NP 完全**である判定問題は任意の NP 問題よりも易しくはない. もし $\mathbf{P} \neq \mathbf{NP}$ であるならば, **NP 完全**である問題を解く多項式時間アルゴリズムは存在しない.

上の定義に基づいて, 任意の NP 問題 $\Pi$ に対して, $\Pi \propto \Pi_0$ であることを示すことは簡単ではない. しかし, **NP 完全**である問題が 1 つ見つかれば, それを元にして様々な問題が **NP 完全**であることを比較的簡単に示すことができる. これは次の原理に基づいている.

[定理 4–6] 判定問題 $\Pi$ は, 次の 2 つの条件を満たすとき, **NP 完全**である：

(1) $\Pi \in \mathbf{NP}$ ;
(2) ある **NP 完全**である判定問題 $\Pi'$ に対して, $\Pi' \propto \Pi$.

証明：$\Pi'$ は **NP 完全**であるから, 任意の判定問題 $\Pi''(\in \mathbf{NP})$ に対して $\Pi'' \propto \Pi'$ である. このとき, 定理 4–5 から $\propto$ は推移律を満たすので, $\Pi'' \propto \Pi$ であることが分かる. したがって, $\Pi$ は **NP 完全**である. □

定理 4–4 と定理 4–6 から次の系が得られる.

[系 4–1] **NP** に属する判定問題 $\Pi$ は, そのある部分問題 $\Pi'$ が **NP 完全**ならば, **NP 完全**である. □

ある判定問題が **P** に属すならばその部分問題は **P** に属すが, ある判定問題が **NP 完全**であるとき, その部分問題が **NP 完全**であるとは限らないことに注意しよう. 次節では, **NP 完全**であることが最初に証明された問題の 1 つである充足可能性判定問題を紹介する.

( 4 ) 充足可能性判定問題

充足可能性判定問題 (satisfiability decision problem) は, 論理関数[6]に関する基本的な問題であり, **SAT** と略記される. 論理関数 $f$ に対して, $f = 1$

---

[6] 論理関数については付録 3 参照.

となるように論理変数に値を割当てることが可能であるとき，$f$ は充足可能であるという．論理変数の肯定形 $x$，および否定形 $\overline{x}$ を**リテラル** (literal) といい，リテラルの論理和の系列を**節** (clause) という．節の論理積の系列を和積形という．**SAT** の入力は，和積形で表現された論理関数 $f$ である．

[例 4–13] 和積形で表現された論理関数 $f = (x \vee \overline{y}) \wedge (\overline{x} \vee y \vee z)$ は，5 つのリテラルと 2 つの節から成る．この $f$ は充足可能である．実際，$x = y = z = 1$ とすれば，$f = 1$ となることが分かる． □

充足可能性判定問題 (SAT) は，次のように記述できる．

---
**充足可能性判定問題 (SAT)**
 入力：和積形で表現された論理関数 $f$
 質問：$f$ は充足可能か．

---

この **SAT** の入力である論理関数 $f$ を構成する論理変数の数と節の数を，それぞれ $l$ と $c$ とする．ある節に同じリテラルが 2 つ以上含まれる場合，そのリテラルを 1 つにしてもその節の充足可能性に変化はない．また，ある節にある論理変数に対応する肯定形と否定形のリテラルがともに含まれると，その節は変数割当てにかかわらず充足可能である．したがって，一般性を失わずに，各節はある論理変数に対応するリテラルを高々 1 つ含むと仮定してよい．したがって，$f$ は，各リテラルに対応する点と各節に対応する点を用意し，リテラルがある節に含まれるとき，かつそのときに限り，対応する点間に辺を付加することで，2 部グラフで表現できる．したがって，**SAT** の入力の大きさは $|f| = O(lc)$ である．

[定理 4–7] 充足可能性判定問題 (**SAT**) は NP 問題である．

**証明**：$f$ が充足可能であるとき，$f = 1$ となるような論理変数の値の割当てが，$f$ が充足可能であることの証拠となる．各論理変数の値の割当てから $f$ の値を多項式オーダで計算できるので，**SAT** は NP 問題である． □

SAT は，任意の NP 問題からの多項式時間還元が存在することが示された最初の問題の1つである．この証明は本書の範囲を超えるので省略するが，概略は以下の通りである．元来，P 問題は，ランダムアクセス機械よりも能力の制限された**チューリング機械** (Turing machine) と呼ばれる機械を用いて，入力の大きさの多項式オーダの操作で答えが得られる問題と定義された．同様に，NP 問題は，チューリング機械に非決定的に証拠を与える機能を付け加えた非決定性チューリング機械を用いて，入力の大きさの多項式オーダの操作で答えが得られる問題と定義された．SAT が NP 完全であることの証明では，任意の NP 問題に対して，非決定性のチューリング機械が「Yes」と答えるとき，かつそのときに限り1となる和積形の論理関数が定義でき，さらに，この論理関数の大きさが問題の入力の大きさの多項式オーダであることが示されたのである．

[定理 4–8] 充足可能性判定問題 (SAT) は **NP 完全**である． □

チューリング機械を用いることで，任意の NP 問題が SAT に還元できるので，3 彩色判定問題 (3-COL) から SAT への多項式時間還元が存在することは明らかであるが，以下では実際にその多項式時間還元を示す．

[例 4–14] 3 彩色判定問題 (3-COL) $\propto$ 充足可能性判定問題 (SAT) である．実際，以下のようにして多項式時間還元を構成できる．**3-COL** の入力であるグラフ $G$ が3色以下で彩色できるとする．132 ページの例題 4–5 で考察したように，$G$ の3色以下での彩色 (3 彩色) が証拠となる．証拠の3彩色を確認するためには，次の2つの条件が満たされているかを調べればよい：

(C1) 任意の点は3色の中のちょうど1色で塗られている；
(C2) 任意の隣接する2点は異なる色で塗られている．

これらの条件が満たされているか否かは，以下に示すように，和積形の論理式の充足可能性に帰着させることができる．$V(G) = \{v_1, v_2, \ldots, v_n\}$ とし，$m = |E(G)|$ とする．各点 $v_i$ に対して，3つの論理変数 $x_{i,1}, x_{i,2}, x_{i,3}$ を用意する．これらの論理変数は $G$ の3彩色と次のような対応関係にある．

$$x_{i,j} = \begin{cases} 1 & \text{点 } v_i \text{ が色 } j \text{ で塗られているとき} \\ 0 & \text{点 } v_i \text{ が色 } j \text{ で塗られていないとき} \end{cases}$$

このとき，点 $v_i$ が色 1, 2, 3 の中のちょうど 1 色で塗られているか否かは，次の論理式：

$$P_i = (x_{i,1} \vee x_{i,2} \vee x_{i,3}) \wedge (\overline{x_{i,1}} \vee \overline{x_{i,2}}) \wedge (\overline{x_{i,1}} \vee \overline{x_{i,3}}) \wedge (\overline{x_{i,2}} \vee \overline{x_{i,3}})$$

が充足可能であるか否かに対応している．実際，この論理式の最初の節の値が 1 であるのは，点 $v_i$ が色 1, 2, 3 の中の 1 色以上で塗られているとき，かつそのときに限る．また，2 番目から 4 番目の節の値がすべて 1 であるのは，点 $v_i$ が色 1, 2, 3 の中の 2 色以上で塗られていないとき，かつそのときに限る．以上のことから，$P_i$ が充足可能であるのは，点 $v_i$ が色 1, 2, 3 の中のちょうど 1 色で塗られているとき，かつそのときに限るということが分かる．したがって，条件 (C1) が満たされているか否かは，次の論理式：

$$\bigwedge_{v_i \in V(G)} P_i$$

が充足可能であるか否かに対応している．

また，隣接する 2 点 $v_i, v_j$ が異なる色で塗られているか否かは，以下の論理式：

$$Q_{(i,j)} = (\overline{x_{i,1}} \vee \overline{x_{j,1}}) \wedge (\overline{x_{i,2}} \vee \overline{x_{j,2}}) \wedge (\overline{x_{i,3}} \vee \overline{x_{j,3}})$$

が充足可能であるか否かに対応していることも簡単に分かるので，条件 (C2) が満たされているか否かは，次の論理式：

$$\bigwedge_{(v_i, v_j) \in E(G)} Q_{(i,j)}$$

が充足可能であるか否かに対応している．

したがって，条件 (C1) と (C2) が共に満たされているか否かは，次の和積形の論理式：

$$f(G) = \left( \bigwedge_{v_i \in V(G)} P_i \right) \wedge \left( \bigwedge_{(v_i, v_j) \in E(G)} Q_{(i,j)} \right)$$

が充足可能であるか否かに対応している．

以上のことから，$G$ が 3 彩色可能であるとき，かつそのときに限って $f(G)$ が充足可能であることが分かる．また，$f(G)$ に含まれる論理変数の数は $3n$ であり，節の数は $4n + 3m$ であるから，$f(G)$ は入力の大きさの多項式オーダで

計算できることが分かる．したがって，$G$ に $f(G)$ を対応させる写像は **3-COL** から **SAT** への多項式時間還元である． □

### （5） NP 完全問題

前節で紹介した通り，**充足可能性判定問題 (SAT)** が，**NP** 完全である判定問題であることが証明されたので，様々な NP 問題が定理 4–6 を用いて **NP** 完全であることを示すことができる．本節では，そのいくつかを紹介する．

[定理 4–9] 充足可能性判定問題 (**SAT**) の部分問題である

---
**3 充足可能性判定問題 (3-SAT)**
入力：各節が 3 つのリテラルから成る和積形で表現された論理関数 $f$
質問：$f$ は充足可能か．

---

は **NP** 完全である．

**証明**：明らかに，**3-SAT** は **NP** に属す．したがって，定理 4–6 と定理 4–8 から **SAT** ∝ **3-SAT** を示せば十分である．

**SAT** の入力 $f$ を論理変数の数が $l$，節の数が $c$ である和積形の論理関数 $\bigwedge_{i=1}^{c} C_i$ としよう．ただし，$C_i = (x_{i,1} \lor x_{i,2} \lor \cdots \lor x_{i,k_i})$ は節を表し，$x_{i,j}$ はリテラルを表す $(1 \leq i \leq c,\ 1 \leq j \leq k_i,\ 1 \leq k_i \leq l)$．**SAT** ∝ **3-SAT** を示すためには，**SAT** の入力である $f$ が充足可能であるとき，かつそのときに限って充足可能である各節が 3 つのリテラルから成る和積形で表現された大きさが $|f|$ の多項式オーダである論理関数 $f_3$ を示せばよい．

以下では，そのような論理関数 $f_3 = \bigwedge_{i=1}^{c} C'_i$ を構成する方法を述べる．ただし，$C'_i$ は $C_i$ に対応して構成する 3 つのリテラルから成る節の論理積の系列，すなわち，和積形で表現された論理関数である．$C_i$ が 1 つ，2 つ，3 つ，4 つ以上のリテラルから成る場合についてそれぞれ述べる $(1 \leq i \leq c)$．

$C_i$ が 1 つのリテラルから成る場合，$f$ に含まれない 2 つの論理変数 $y_{i,1}$ と $y_{i,2}$ を用いて 4 つの節から成る論理関数

$$C'_i = (x_{i,1} \lor y_{i,1} \lor y_{i,2}) \land (x_{i,1} \lor y_{i,1} \lor \overline{y_{i,2}}) \land$$

$$(x_{i,1} \vee \overline{y_{i,1}} \vee y_{i,2}) \wedge (x_{i,1} \vee \overline{y_{i,1}} \vee \overline{y_{i,2}})$$

を構成する．明らかに，$y_{i,1}$ と $y_{i,2}$ への値の割当てにかかわらず，$C_i = 1$ であるとき，かつそのときに限って $C_i' = 1$ となることが分かる．

$C_i$ が2つのリテラルから成る場合，$f$ に含まれない1つの論理変数 $y_i$ を用いて2つの節から成る論理関数

$$C_i' = (x_{i,1} \vee x_{i,2} \vee y_i) \wedge (x_{i,1} \vee x_{i,2} \vee \overline{y_i})$$

を構成する．明らかに，$y_i$ への値の割当てにかかわらず，$C_i = 1$ であるとき，かつそのときに限って $C_i' = 1$ となることが分かる．

$C_i$ が3つのリテラルから成るとき，$C_i' = C_i$ とすれば，明らかに $C_i'$ と $C_i$ の充足可能性は等しい．

$C_i$ が $k$ 個 $(k \geq 4)$ のリテラルから成るとき，$f$ に含まれない $k-3$ 個の論理変数 $y_{i,j}$ $(1 \leq j \leq k-3)$ を用いて $k-2$ 個の節から成る論理関数

$$C_i' = (x_{i,1} \vee x_{i,2} \vee y_{i,1}) \wedge (\overline{y_{i,1}} \vee x_{i,3} \vee y_{i,2}) \wedge (\overline{y_{i,2}} \vee x_{i,4} \vee y_{i,3}) \wedge \cdots$$
$$\wedge (\overline{y_{i,k-3}} \vee x_{i,k-1} \vee x_{i,k})$$

を構成する．簡単に分かるように，$C_i = 1$ であるとき，かつそのときに限って $C_i' = 1$ となるように $y_{i,j}$ に値を割当てることができる．

このとき，$f_3$ は各節が3つのリテラルから成る和積形で表現された論理関数である．$f_3$ の構成方法から，$f$ が充足可能であるとき，かつそのときに限って $f_3$ も充足可能である．また，$f_3$ の論理変数の数と節の数は共に $O(lc)$ であるから，$f_3$ は多項式オーダで計算できる．したがって，$f$ に $f_3$ を対応させる写像は **SAT** から **3-SAT** への多項式時間還元であり，**SAT** $\propto$ **3-SAT** である．□

[定理 4–10] 3彩色判定問題 (3-COL) は **NP** 完全である．

**証明**：132 ページの例題 4–5 で考察したように，**3-COL** は NP 問題である．定理 4–9 より **3充足可能性判定問題 (3-SAT)** は **NP** 完全であるので，定理 4–6 より **3-SAT** $\propto$ **3-COL** を示せばよい．

論理関数 $f$ を **3-SAT** の任意の入力とする．すなわち，$f$ は各節が3つのリテ

ラルから成る和積形で表現された論理関数である．$f$ は論理変数 $x_1, x_2, \ldots, x_l$ と節 $C_1, C_2, \ldots, C_c$ で構成されているとする．以下では，$f$ に対して，**3-COL** の入力となる $2l + 6c + 2$ 個の点と $3l + 12c + 1$ 個の辺からなるグラフ $G(f)$ を構成する方法を示す．

まず，各論理変数 $x_i$ ($1 \leq i \leq l$) に対して，2 点 $x_i$ と $\overline{x_i}$ をそれぞれ肯定形と否定形のリテラルに対応する点として用意し，節 $C_i$ ($1 \leq i \leq c$) に対して，点 $u_i^1$, $u_i^2$, $u_i^3$, $v_i^1$, $v_i^2$, $v_i^3$ を用意する．さらに，2 点 $s$ と $t$ を用意する．

それらの点間に，以下に示すとおり辺を付加する．まず，リテラルに対応する点 $x_i$ と $\overline{x_i}$ を辺で結び，点 $x_i$ と点 $\overline{x_i}$ をそれぞれ点 $t$ と辺で結ぶ ($1 \leq i \leq l$)．次に，各節 $C_i$ に対応して，点 $u_i^1$ と節 $C_i$ の 1 つ目のリテラルに対応する点を，点 $u_i^2$ と節 $C_i$ の 2 つ目のリテラルに対応する点を，点 $u_i^3$ と節 $C_i$ の 3 つ目のリテラルに対応する点をそれぞれ結ぶ ($1 \leq i \leq c$)．また，3 点 $v_i^1, v_i^2, v_i^3$ を 3 本の辺で結び，点 $s$ と $v_i^j$ をそれぞれ点 $u_i^j$ と辺で結ぶ ($1 \leq i \leq c$, $1 \leq j \leq 3$)．最後に点 $s$ と $t$ を辺で結ぶ．このようにして得られるグラフを $G(f)$ とする (図 4–7 参照).

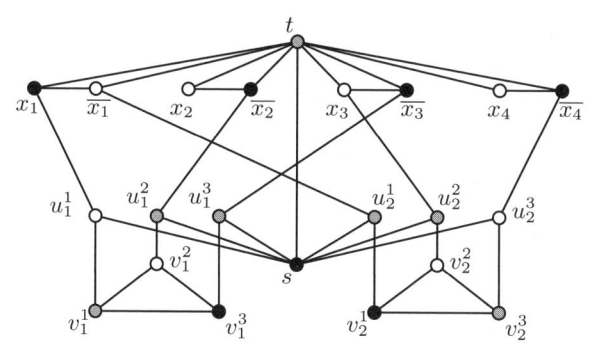

図 4–7　$f = (x_1 \vee \overline{x_2} \vee \overline{x_3}) \wedge (\overline{x_1} \vee x_3 \vee \overline{x_4})$ に対するグラフ $G(f)$ と $x_1 = 1$, $x_2 = x_3 = x_4 = 0$ に対応する色 0(白), 1(黒), 2(灰) による $G(f)$ の 3 彩色

$|V(G(f))| = 2l + 6c + 2$, $|E(G(f))| = 3l + 12c + 1$ であるから，$G(f)$ は多項式オーダで構成できる．したがって，$f$ に $G(f)$ を対応させる写像が **3-SAT** から **3-COL** への多項式時間還元であることを示すために，$f$ が充足可能であるとき，かつそのときに限って $G(f)$ が 3 彩色できることを示せばよい．$f$ が

空でない限り $G(f)$ は奇閉路を含むので，31 ページの例題 1-8 より，$G(f)$ の彩色数 $\chi(G(f))$ は 3 以上である．

まず，$f$ が充足可能である場合に $G(f)$ は色 0, 1, 2 の 3 色で彩色できることを以下に示す．最初に，点 $s$ に色 1 を塗り，点 $t$ に色 2 を塗る．次に $f$ を充足する変数割当てに対応する論理変数 $x_i$ の値から決まる論理値に対応して，リテラルに対応する点 $x_i$ と $\overline{x_i}$ に色 0 もしくは 1 を塗る $(1 \leq i \leq l)$．次に，点 $u_i^1, u_i^2, u_i^3$ の中で隣接するリテラルに対応する点が色 1 で塗られている 1 点に色 0 を，残りの 2 点に色 2 を塗る $(1 \leq i \leq c)$．リテラルに対応する点には，$f$ を充足する変数割当てに対応する色を塗っているので，点 $u_i^1, u_i^2, u_i^3$ に隣接するリテラルに対応する点の少なくとも 1 つは色 1 で塗られていることに注意しよう．最後に，点 $v_i^1, v_i^2, v_i^3$ を異なる 3 色で塗る $(1 \leq i \leq c)$．すなわち，色 0 で塗られた点に隣接する点に色 2 を，残りの 2 点に色 0 と 1 をそれぞれ塗る．このように，$f$ が充足可能であるとき $G(f)$ は 3 色で彩色できることが分かる．

逆に，$G(f)$ が 3 彩色されているとき，$f$ は充足可能であることを示す．$G(f)$ を 3 色 0, 1, 2 で彩色するとき，一般性を失うことなく，点 $s$ に色 1 を塗り，点 $t$ に色 2 を塗るものとする．このとき，リテラルに対応する点 $x_i$ と $\overline{x_i}$ には色 0 もしくは 1 が塗られるが，一方に色 0 が塗られていれば，他方には色 1 が塗られている $(1 \leq i \leq l)$．また，点 $u_i^j$ には色 0 もしくは 2 が塗られている $(1 \leq i \leq c, 1 \leq j \leq 3)$．さらに，点 $v_i^1, v_i^2, v_i^3$ は異なる 3 つの色で塗られているので，点 $u_i^1, u_i^2, u_i^3$ の少なくとも 1 つは色 0 で塗られており，節 $C_i$ に含まれる 3 つのリテラルに対応する点の少なくとも 1 つは色 1 で塗られている $(1 \leq i \leq c)$．したがって，リテラルの色を変数割当てに対応させると，$f$ は充足されることが分かる．

以上のことから，$f$ が充足可能であるとき，かつそのときに限って $G(f)$ が 3 彩色できることが分かる．したがって，$f$ に $G(f)$ を対応させる写像は **3-SAT** から **3-COL** への多項式時間還元であり，**3-SAT** $\propto$ **3-COL** である． □

証明は省略するが，ハミルトングラフ判定問題 (**HG**) と独立点集合判定問題 (**IS**) に対しても，3 充足可能性判定問題 (**3-SAT**) からの多項式時間還元が存在することが知られている．

[定理 4-11] ハミルトングラフ判定問題 (HG) と独立点集合判定問題 (IS) は NP 完全である. □

[系 4-2] 巡回セールスマン判定問題 (TS) は NP 完全である.

証明：132 ページの例題 4-5 で考察したように, TS は NP 問題である. 定理 4-11 からハミルトングラフ判定問題 (HG) は NP 完全であり, 134 ページの例 4-12 から **HG** ∝ **TS** であるから, 137 ページの定理 4-6 より **TS** は **NP** 完全であることが分かる. □

38 ページの例 1-23 では, グラフやネットワークを巡回セールスマン問題の入力とし, それらの入力に応じて完全グラフ $K_n$ と重み関数 $w$ を定義したが, このように定義される $w$ は三角不等式 (triangular inequality) を満たす. すなわち, 任意の点 $x, y, z \, (\in V(K_n))$ に対して,

$$w(x,y) + w(y,z) \geq w(x,z)$$

が成立している. したがって, 例 1-23 では巡回セールスマン問題の部分問題を扱っていたことになり, その部分問題に付随する判定問題が **NP** 完全であるとは系 4-2 からはいえない. しかし, 次の例題でその部分問題と最大巡回セールスマン問題に付随する判定問題がともに **NP** 完全であることを示す.

[例題 4-6] 以下の問題は **NP** 完全であることを示せ.

---

(1) 三角巡回セールスマン判定問題 (T-TS)

　　入力：完全グラフ $K_n$, 重み関数 $w : E(K_n) \to \mathcal{R}^+$, 非負実数 $r \, (\in \mathcal{R}^+)$
　　　　　　　　　　　　　　　（ただし, $w$ は三角不等式を満たす）
　　質問：ネットワーク $(K_n, w)$ に重み $r$ 以下のハミルトン閉路があるか.

---

(2) 最大巡回セールスマン判定問題 (MAX-TS)

　　入力：完全グラフ $K_n$, 重み関数 $w : E(K_n) \to \mathcal{R}^+$, 非負実数 $r \, (\in \mathcal{R}^+)$
　　質問：ネットワーク $(K_n, w)$ に重み $r$ 以上のハミルトン閉路があるか.

---

**解**: **(1)** 明らかに **T-TS** は NP 問題である.134 ページの例 4–12 でハミルトングラフ判定問題 (**HG**) $\propto$ 巡回セールスマン判定問題 (**TS**) を示したときの多項式時間還元 $\phi$ で定義されるネットワークの各辺の重みは 1 と 2 だけであったので,この重み関数は三角不等式を満たしている.したがって,$\phi$ は **HG** から **T-TS** への多項式時間還元でもある.定理 4–11 から **HG** は **NP** 完全であるので,定理 4–6 より **T-TS** も **NP** 完全であることが分かる.

**(2)** 明らかに **MAX-TS** は NP 問題である.そこで,系 4–2 で **NP** 完全であることを示した **TS** に対して,**TS** $\propto$ **MAX-TS** を示す.**TS** の入力 $(K_n, w, r)$ に対して,$w_{\max} = \max \{w(e) \mid e \in E(K_n)\}$ としたとき,

$$w'(e) = w_{\max} - w(e)$$

と定義する.任意のハミルトン閉路 $C$ に対して $|E(C)| = n$ であるので,

$$w'(C) = \sum_{e \in E(C)} w'(e) = \sum_{e \in E(C)} (w_{\max} - w(e))$$
$$= n w_{\max} - \sum_{e \in E(C)} w(e)$$

である.したがって,ネットワーク $(K_n, w)$ に重み $r$ 以下のハミルトン閉路が存在するとき,かつそのときに限りネットワーク $(K_n, w')$ に重み $n w_{\max} - r$ 以上のハミルトン閉路が存在することが分かる.そこで,$s = n w_{\max} - r$ とし,**TS** の入力 $(K_n, w, r)$ に対して,**MAX-TS** の入力 $(K_n, w', s)$ を対応させる.明らかに $(K_n, w', s)$ は多項式オーダで構成できるので,$(K_n, w, r)$ に $(K_n, w', s)$ を対応させる写像は,**TS** から **MAX-TS** への多項式時間還元である.したがって,定理 4–6 より **MAX-TS** は **NP** 完全である.  □

**NP** に属す判定問題の多くは,**P** に属すもしくは **NP** 完全であることが示されているが,グラフ同型判定問題 (**ISO**) のように **P** に属すことも **NP** 完全であることも知られていない判定問題も存在する.**ISO** は,**P** $\neq$ **NP** であるとき,**P** 問題でも **NP** 完全でもない判定問題の 1 つであると知られている.

## 4–4 近似アルゴリズム

### (1) NP 困難

探索問題,および最適化問題は,付随する判定問題が **NP 完全**であるとき,**NP 困難** (NP-hard) であるという.

[例 4–15] 以下の問題は **NP 困難**である.

---

(1) 3 彩色問題
　入力:グラフ $G$
　質問:$\chi(G) \leq 3$ ならば,$G$ の 3 彩色を 1 つ示せ.

---

(2) ハミルトン閉路問題
　入力:グラフ $G$
　質問:$G$ がハミルトングラフならば,ハミルトン閉路を 1 つ示せ.

---

(3) 巡回セールスマン問題
　入力:完全グラフ $K_n$,重み関数 $w: E(K_n) \to \mathcal{R}^+$
　質問:ネットワーク $(K_n, w)$ の重み最小のハミルトン閉路を 1 つ示せ.

---

(4) 三角巡回セールスマン問題
　入力:完全グラフ $K_n$,重み関数 $w: E(K_n) \to \mathcal{R}^+$
　　　　　　　　　　　　　　(ただし,$w$ は三角不等式を満たす)
　質問:ネットワーク $(K_n, w)$ の重み最小のハミルトン閉路を 1 つ示せ.

---

(5) 最大巡回セールスマン問題
　入力:完全グラフ $K_n$,重み関数 $w: E(K_n) \to \mathcal{R}^+$
　質問:ネットワーク $(K_n, w)$ の重み最大のハミルトン閉路を 1 つ示せ.

---

(6) 最大独立点集合問題
　入力:グラフ $G$
　質問:$G$ の点数最大の独立点集合を 1 つ示せ.

それぞれ以下に示す付随する判定問題が **NP 完全**であることが示されている：

(1) **3 彩色判定問題 (3-COL)** (定理 4–10)；
(2) **ハミルトングラフ判定問題 (HG)** (定理 4–11)；
(3) **巡回セールスマン判定問題 (TS)** (系 4–2)；
(4) **三角巡回セールスマン判定問題 (T-TS)** (例題 4–6(1))；
(5) **最大巡回セールスマン判定問題 (MAX-TS)** (例題 4–6(2))；
(6) **独立点集合判定問題 (IS)** (定理 4–11)．

$\square$

探索問題や最適化問題に対する多項式時間アルゴリズムが存在するとき，付随する判定問題は P 問題であることが分かる．すなわち，探索問題，および最適化問題は付随する判定問題よりも易しくはない．**NP** における **NP 完全**と同様に，**NP 困難**は探索問題や最適化問題が相対的に難しいことを示す概念である．**NP 困難**である探索問題や最適化問題に対する多項式時間アルゴリズムの存在を示すということは，$\mathbf{P} = \mathbf{NP}$ を示すということである．$\mathbf{P} \neq \mathbf{NP}$ であるならば，**NP 困難**である探索問題，および最適化問題に対する多項式時間アルゴリズムは存在しない．

**（2） 近似アルゴリズム**

**NP 困難**である最適化問題に対する多項式時間アルゴリズムの設計を試みることは，$\mathbf{P} = \mathbf{NP}$ の証明を試みることであり，非常に困難を究める．そのため，**NP 困難**である最適化問題を攻略するために，正解を必ずしも出力するわけではないが，最適解に近づくための様々な工夫を採り入れた多項式時間アルゴリズムを設計することになる．そのようなアルゴリズムを**近似アルゴリズム** (approximate algorithm) といい，近似アルゴリズムによって得られる解を近似解という．近似アルゴリズムの性能は，その近似アルゴリズムによって得られる近似解の値と最適解の値との比で測定することになる．

$\Pi = (I, Q(x))$ を最適化問題とし，$\mathcal{A}$ を $\Pi$ に対する近似アルゴリズムとする．また，$\mathcal{A}(s)$ を問題例 $\Pi(s)$ に対する $\mathcal{A}$ の近似解の値とし，$\Pi(s)$ の最適解

の値を $OPT(s)$ とする．$\Pi$ が最小化問題であるとき，すべての入力 $s\,(\in I)$ に対して，

$$\frac{\mathcal{A}(s)}{OPT(s)} \leq r$$

となるような $r$ の下限を $\mathcal{A}$ の**近似比** (approximation ratio) という．また，$\Pi$ が最大化問題であるときには，すべての入力 $s\,(\in I)$ に対して，

$$\frac{OPT(s)}{\mathcal{A}(s)} \leq r$$

となるような $r$ の下限を $\mathcal{A}$ の近似比という．

近似アルゴリズムが与えられた場合，その近似アルゴリズムの近似比を正確に評価することは，重要であるが困難なことも多い．そのため，近似比の評価が容易なように近似アルゴリズムを設計する場合もある．ただし，証明が可能な近似比は悪いが，実用上は十分最適解に近い近似解が得られる場合もあり，証明可能な近似比が必ずしも近似アルゴリズムの実用的な性能を表しているわけではないことにも注意すべきである．

## (3) 三角巡回セールスマン問題

本節では近似アルゴリズムの具体的な例として，例題 4–15 で **NP 困難**であると示した**三角巡回セールスマン問題**の近似解を求める多項式時間近似アルゴリズムを紹介する．

■ **アルゴリズム 4–3** (三角巡回セールスマンアルゴリズム)

入力：完全グラフ $K_n$，重み関数 $w: E(K_n) \to \mathcal{R}^+$
（ただし，$w$ は三角不等式を満たす）

出力：ネットワーク $(K_n, w)$ のハミルトン閉路 $C$

**ステップ 1**：ネットワーク $(K_n, w)$ の最小全域木 $T$ を求める．
**ステップ 2**：$T$ を深さ優先探索し，前順序番号付けを求める．
**ステップ 3**：前順序番号付けの順に点を通るハミルトン閉路 $C$ を出力して終了する． ■

[例 4–16] 図 4–8(1) に示すネットワークにアルゴリズム 4–3 を適用したときの様子を図 4–8(2)〜(4) に示す．図 4–8(1) において，数字 1 が付してある細線の辺の重みは 1 であり，その他の太線の辺の重みは 2 である．辺の重みは 1 と 2 の 2 種類であるので，重み関数は三角不等式を満たしている．図 4–8(2) の実線はステップ 1 で求めた最小木 $T$ を表している．$T$ の重みは 5 である．図 4–8(3) では，ステップ 2 で $T$ を深さ優先探索をしたときの前順序番号の順に $v_1, v_2, \ldots, v_6$ と各点に名前を付けている．図 4–8(4) は，ステップ 3 で求めたハミルトン閉路 $C$ を表している．このハミルトン閉路の重みは 9 である．一方，外側の 6 角形のハミルトン閉路の重みは 6 で最小である． □

(1) ネットワーク $N$         (2) $N$ の最小木 $T$

(3) $T$ の前順序番号付け     (4) $N$ のハミルトン閉路 $C$

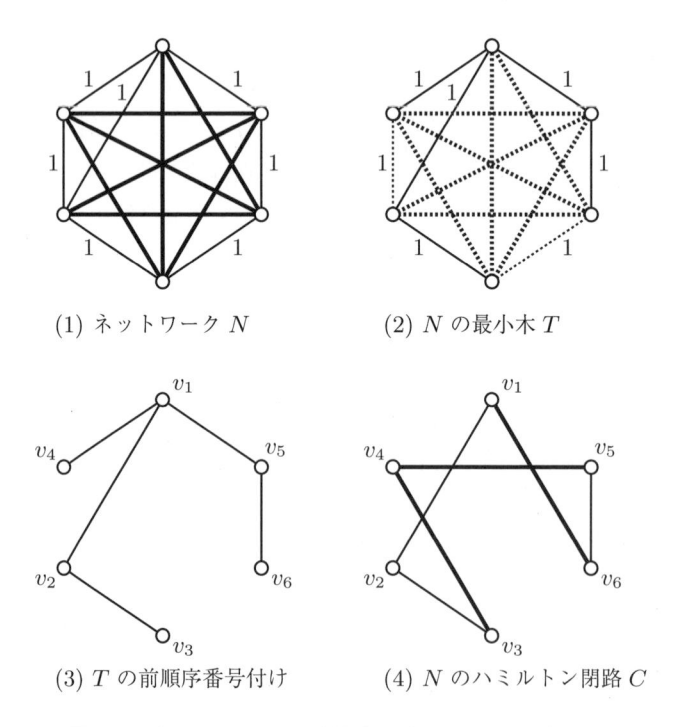

図 4–8　ネットワーク $N$ の最小木 $T$ とハミルトン閉路 $C$

[定理 4–12] 三角巡回セールスマン問題に対して，アルゴリズム 4–3 の近似比は高々 2 であり，時間計算量は $O(n^2 \log n)$ である．

**証明:** まず，時間計算量について示す．$m = |E(K_n)|$ とすると，60ページの定理 2–3 から $m = O(n^2)$ である．106ページの例題 3–5 から，ステップ 1 の時間計算量は $O(m \log m) = O(n^2 \log n)$ である．また，85ページの定理 3–4 から，ステップ 2 の時間計算量は $O(n^2)$ である．簡単に分かるように，ステップ 3 の時間計算量は $O(n)$ である．したがって，**アルゴリズム 4–3** の時間計算量は $O(n^2 \log n)$ である．

次に，近似比について示す．完全グラフ $K_n$ の点には，前順序番号の順に $v_1, v_2, \ldots, v_n$ と名前が付けられているものとする．すなわち，

$$V(K_n) = \{v_1, v_2, \ldots, v_n\}$$

とする．深さ優先探索においては，DFS 木の各辺 $(p(v), v)$ を，点 $p(v)$ の子として点 $v$ を発見して $v$ に前順序番号を付けるときと，$v$ から $p(v)$ に戻るときのちょうど 2 回通る．したがって，最小全域木 $T$ の $(v_i, v_{i+1})$ 路を $P_i$ $(1 \leq i \leq n-1)$ とし，$(v_n, v_1)$ 路を $P_n$ とすると，$T$ の各辺はちょうど 2 つのこれらの路に含まれる．したがって，

$$\sum_{i=1}^{n} w(P_i) = 2w(T)$$

である．一方，**アルゴリズム 4–3** の出力するハミルトン閉路 $C$ の重みは，

$$w(C) = \left( \sum_{i=1}^{n-1} w(v_i, v_{i+1}) \right) + w(v_n, v_1)$$

であるが，重み関数 $w$ は三角不等式を満たしているので，任意の $i$ $(1 \leq i \leq n-1)$ に対して $w(v_i, v_{i+1}) \leq w(P_i)$ であり，$w(v_n, v_1) \leq w(P_n)$ である．したがって，

$$w(C) = \left( \sum_{i=1}^{n-1} w(v_i, v_{i+1}) \right) + w(v_n, v_1) \leq \sum_{i=1}^{n} w(P_i) = 2w(T)$$

を得る．一方，ハミルトン閉路から任意の 1 本の辺を除去したグラフは $K_n$ の全域木であるから，ハミルトン閉路の重みの最小値 $OPT$ は最小全域木の重み以上である．すなわち，

$$OPT \geq w(T)$$

である．ゆえに，

$$\frac{w(C)}{OPT} \leq 2$$

であるから，アルゴリズム 4–3 の近似比は高々2であることが分かる． □

[例題 4–7] $P \neq NP$ であるならば，巡回セールスマン問題に対する近似比 $O(1)$ の多項式時間近似アルゴリズムは存在しないことを示せ．

解：$k \geq 1$ を任意の定数とし，$n$ 点から成る任意のグラフ $G$ に対して，巡回セールスマン問題の入力であるネットワークを以下のように構成する．まず，完全グラフ $K_n$ を作り，$K_n$ の辺の重みを次のように定義する：

$$w(e) = \begin{cases} 1 & e \in E(G) \text{ のとき} \\ kn & e \notin E(G) \text{ のとき．} \end{cases}$$

このとき，$G$ の辺のみから成るハミルトン閉路の重みは $n$ である．一方，$G$ にはない辺を含むハミルトン閉路の重みは $kn + n - 1$ 以上である．したがって，$G$ がハミルトングラフであるとき，最適解の重みの高々 $k$ 倍の重みのハミルトン閉路は $G$ の辺のみから成るものしか存在しない．ゆえに，もし巡回セールスマン問題に対して，近似比が高々 $k$ である多項式時間近似アルゴリズムが存在したならば，$G$ がハミルトングラフであるか否かを多項式オーダで判定できることになる．ところが，145 ページの定理 4–11 よりハミルトングラフ判定問題 (HG) は NP 完全であるので，$P \neq NP$ であるという仮定に矛盾する． □

(4) 独立系と貪欲アルゴリズム

4–2 節では最適化問題に対してよく用いられる方法として貪欲法を紹介した．最大基問題に対する 123 ページのアルゴリズム 4–1 は，入力となる独立系がマトロイドであるとき正解を出力するが，独立系がマトロイドでないときは必ずしも正解を出力しないことを 124 ページの定理 4–3 で示した．本節では，アルゴリズム 4–1 を最大基問題に対する近似アルゴリズムと考えた場合の近似比について考察する．

独立系 $M = (E, \mathcal{I})$ と部分集合 $S (\subseteq E)$ に対して，

$$\mathcal{I}(S) = \{X \cap S \mid X \in \mathcal{I}\}$$

と定義すると，$M(S) = (S, \mathcal{I}(S))$ は独立系である．すなわち，$\mathcal{I}$ と等価な性質を $\mathcal{P}$ としたとき，$\mathcal{I}(S)$ は性質 $\mathcal{P}$ を満たす $S$ の部分集合であり，独立系であるための (I0) 条件と (I1) 条件を満たすことは明らかである．このとき，

$$\rho_{\max}(S) = \max\{|B| \mid B \text{ は } M(S) \text{ の基}\},$$
$$\rho_{\min}(S) = \min\{|B| \mid B \text{ は } M(S) \text{ の基}\}$$

と定義し，

$$q(M) = \max\left\{\frac{\rho_{\max}(S)}{\rho_{\min}(S)} \mid S \subseteq E, \rho_{\min}(S) \neq 0\right\}$$

と定義する．すなわち，$M(S)$ における基の要素数の最大値を $\rho_{\max}(S)$，最小値を $\rho_{\min}(S)$ とし，基の要素数が 1 以上となる $E$ の任意の部分集合 $S$ の基の要素数の最大値と最小値の比 $\dfrac{\rho_{\max}(S)}{\rho_{\min}(S)}$ の最大値を $q(M)$ とする．

[定理 4–13] $M = (E, \mathcal{I})$ を独立系とし，$w : E \to \mathcal{R}$ を重み関数とする．また，アルゴリズム 4–1 の出力を $B$ とし，$M$ の最大基を $Y$ とする．このとき，

$$\frac{w(Y)}{w(B)} \leq q(M)$$

である．すなわち，**最大基問題**に対する**アルゴリズム 4–1** の近似比は高々 $q(M)$ である．

**証明**：$m = |E|$ とし，アルゴリズム 4–1 のステップ 0 の終了後に，

$$w(e_1) \geq w(e_2) \geq \cdots \geq w(e_m)$$

と整列しているものとする．便宜上，$w(e_{m+1}) = 0$ と定義する．また，任意の $i$ $(1 \leq i \leq m)$ に対して，

$$E_i = \{e_1, e_2, \ldots, e_i\}$$

と定義し，$E_0 = \emptyset$ とする．さらに，任意の $i$ $(0 \leq i \leq m)$ に対して，

$$B_i = B \cap E_i$$

と定義する．このとき，$B_i$ は $M(E_i)$ の基であるので $|B_i| \geq \rho_{\min}(E_i)$ であり，また，$\rho_{\min}(E_i) \geq \dfrac{\rho_{\max}(E_i)}{q(M)}$ である．したがって，

$$w(B) = \sum_{i=1}^{m}(|B_i| - |B_{i-1}|)w(e_i)$$

$$= \sum_{i=1}^{m}|B_i|(w(e_i) - w(e_{i+1})) - |B_0|w(e_1) + |B_m|w(e_{m+1})$$

$$= \sum_{i=1}^{m}|B_i|(w(e_i) - w(e_{i+1}))$$

$$\geq \sum_{i=1}^{m}\rho_{\min}(E_i)(w(e_i) - w(e_{i+1}))$$

$$\geq \sum_{i=1}^{m}\frac{\rho_{\max}(E_i)}{q(M)}(w(e_i) - w(e_{i+1}))$$

$$= \frac{1}{q(M)}\sum_{i=1}^{m}\rho_{\max}(E_i)(w(e_i) - w(e_{i+1}))$$

となる．ここで，任意の $i$ $(0 \leq i \leq m)$ に対して，

$$Y_i = Y \cap E_i$$

と定義すると，$Y_i$ は $M(E_i)$ の独立集合であるから，$|Y_i| \leq \rho_{\max}(E_i)$ であり，

$$\frac{1}{q(M)}\sum_{i=1}^{m}\rho_{\max}(E_i)(w(e_i) - w(e_{i+1}))$$

$$\geq \frac{1}{q(M)}\sum_{i=1}^{m}|Y_i|(w(e_i) - w(e_{i+1}))$$

$$= \frac{1}{q(M)}\sum_{i=1}^{m}(|Y_i| - |Y_{i-1}|)w(e_i) = \frac{w(Y)}{q(M)}$$

となるので，$w(B) \geq \dfrac{w(Y)}{q(M)}$ となり，定理を得る． □

## 4-4 近似アルゴリズム

### (5) 最大巡回セールスマン問題

123 ページの例 4-8 で考察したように，最大巡回セールスマン問題は最大基問題として定式化できる．本節では，123 ページのアルゴリズム 4-1 をこの問題の近似アルゴリズムとして用いたときの近似比について考察する．

116 ページの例題 4-1 で考察したように，最大巡回セールスマン問題の入力の完全グラフ $K_n$ に対して，

$$\mathcal{I} = \{I \mid I \subseteq E(C) \text{ となるハミルトン閉路 } C \text{ が存在する}\}$$

としたとき，$M = (E(K_n), \mathcal{I})$ は独立系である．これを**巡回セールスマン独立系** (traveling salesman independence system) という．巡回セールスマン独立系では，例題 4-1 で示したとおり，任意のハミルトン閉路の辺集合が基であり，長さが $n-1$ 以下の任意の閉路の辺集合，および同一の点に接続する任意の 3 本の辺の集合がサーキットである．

**［補題 4-1］** 任意の巡回セールスマン独立系 $M = (E(K_n), \mathcal{I})$ に対して，

$$q(M) < 2$$

である．

**証明：** 任意の辺の集合 $S \ (\subseteq E(K_n))$ に対して，$X$ を $M(S)$ の要素数最大の任意の基とし，$Y$ を $M(S)$ の要素数最小の任意の基とする．ただし，$|Y| \neq 0$ とする．定義から，$|X| = \rho_{\max}(S)$ であり $|Y| = \rho_{\min}(S)$ である．$X, Y \in \mathcal{I}$ であるから，任意の点 $v \in V(K_n)$ に対して，$\deg_{K_n\langle X \rangle}(v) \leq 2$ であり，$\deg_{K_n\langle Y \rangle}(v) \leq 2$ である．ここで，$X$ の 2 つの部分集合 $A$ と $B$ を考える．

$$A = \{e \in X \mid e \text{ は } K_n\langle Y \rangle \text{ において次数が 2 である点に接続している}\}$$

および

$$B = \{e \in X \setminus A \mid e \text{ は } K_n\langle Y \rangle \text{ において次数が 1 である点に接続している}\}$$

と定義する．このとき，明らかに，

$$A \cup B \subseteq X$$

である．また，簡単に分かるように，$X$ と $Y$ にともに含まれる辺は，$K_n\langle Y \rangle$

において次数が 1 または 2 である点に接続しているので,
$$X \cap Y \subseteq A \cup B$$
である．また，$Y$ は $M(S)$ の基であるから，任意の辺 $e\,(\in X \setminus Y)$ に対して，$Y \cup \{e\} \notin \mathcal{I}$ であり，$K_n\langle Y \cup \{e\}\rangle$ は，次数が 3 である点か，長さが $n-1$ 以下の閉路を含むことを意味する．したがって，辺 $e\,(\in X \setminus Y)$ は，$K_n\langle Y\rangle$ において次数が 2 である点に接続するか，$K_n\langle Y\rangle$ において次数が 1 である 2 点に接続するので，
$$X \setminus Y \subseteq A \cup B$$
である．ゆえに，
$$X \subseteq A \cup B$$
であり，
$$X = A \cup B$$
となる．また，$A$ と $B$ の定義から $A \cap B = \emptyset$ であるので，
$$|X| = |A \cup B| = |A| + |B|$$
である．ここで $K_n\langle Y\rangle$ において次数が 1 である点の数を $d_1$ とし，次数が 2 である点の数を $d_2$ とすると，18 ページの定理 1-3 より $2|Y| = 2d_2 + d_1$ となる．また，$K_n\langle X\rangle$ の点の次数は高々 2 であるので，$K_n\langle Y\rangle$ の次数が 2 の各点に接続する $A$ に属する辺はそれぞれ高々 2 本であり，$|A| \leq 2d_2$ である．また，$B$ に属する辺は $K_n\langle Y\rangle$ のある連結成分の次数が 1 である 2 点を結んでおり，$|B| \leq d_1/2$ である．したがって，
$$2|Y| = 2d_2 + d_1 \geq |A| + 2|B| \geq |A| + |B| = |X|$$
となる．ここで最後の不等号において等号が成り立つのは $|B| = 0$ の場合であるが，その場合，最初の不等号において等号が成り立つためには $d_1 = 0$ でなければならない．このとき，$K_n\langle Y\rangle$ の各点の次数は 0 または 2 であり $K_n\langle Y\rangle$ は閉路の集合となるが，$K_n\langle Y\rangle$ は長さが $n-1$ 以下の閉路を含まないため，$K_n\langle Y\rangle$ は長さ $n$ の閉路となり，$|Y| = |X| = n$ となる．したがって，
$$2|Y| > |X|$$

であり,

$$\frac{|X|}{|Y|} < 2$$

であるから,

$$q(M) < 2$$

を得る. □

[**定理 4–14**] 最大巡回セールスマン問題に対して, アルゴリズム **4–1** の近似比は高々 2 であり, 時間計算量は $O(n^2 \log n)$ である.

**証明**: 定理 4–13 と補題 4–1 から, 123 ページのアルゴリズム **4–1** の近似比は高々 2 であることが分かる.

$K_n$ の辺数は 60 ページの定理 2–3 から $O(n^2)$ であり, アルゴリズム **4–1** のステップ 0 の時間計算量は, 72 ページの定理 2–8 から $O(n^2 \log n)$ である. また, ステップ 1, 3, 4 の時間計算量はそれぞれ $O(1)$ である. ステップ 2 では, 辺 $e_i$ に対して, $K_n\langle B \cup \{e_i\}\rangle$ に長さ $n-1$ 以下の閉路が存在するか否か, および $K_n\langle B \cup \{e_i\}\rangle$ において $e_i$ の端点の次数が 3 以上か否かを判定するので, 辺 $e_i$ に対して時間計算量は $O(\log n)$ である. ステップ 2 からステップ 4 は, $O(n^2)$ 回繰り返されるので, 時間計算量は $O(n^2 \log n)$ である. したがって, アルゴリズム **4–1** の時間計算量は $O(n^2 \log n)$ であることが分かる. □

[**例題 4–8**] 116 ページの例 4–5 で考察したように, グラフ $G$ の独立点集合の族を $\mathcal{I}$ としたとき, $M = (V(G), \mathcal{I})$ は独立系である. この独立系に対しては, $q(M) = \Omega(n)$ となるような $n$ 点から成るグラフ $G$ が存在することを示せ.

**解**: $G$ が完全 2 部グラフ $K_{1,n-1}$ であるときには, 次数が 1 である $n-1$ 個の点の集合と次数が $n-1$ である 1 個の点の集合は, それぞれ極大な独立点集合であるので, 共に独立系 $M = (V(K_{1,n-1}), \mathcal{I})$ の基である. したがって,

$$\rho_{\max}(V(K_{1,n-1})) = n - 1$$

であり，
$$\rho_{\min}(V(K_{1,n-1})) = 1$$
であるので，$q(M) = \Omega(n)$ である． □

このように様々な最適化問題に対して貪欲法を適用することができるが，貪欲法の性能は問題の性質により大きく異なることが分かる．様々な問題に対処するために様々な技法を用いて厳密アルゴリズムや近似アルゴリズムを設計することが求められるが，問題の性質をよく理解しアルゴリズムを設計することが重要である．

## 演習問題 4

1. 以下の命題の真偽を示せ．ただし，現在一般に真偽が明らかで無い場合は「不明」とせよ．

   (1) 任意の NP 問題には，それを解く (決定性) 多項式時間アルゴリズムが存在する．

   (2) 任意の P 問題には，それを解く非決定性多項式時間アルゴリズムが存在する．

   (3) 任意の NP 問題 $\Pi$，任意の P 問題 $\Pi'$ に対して，$\Pi$ は P 問題であると示すためには，$\Pi'$ から $\Pi$ への多項式時間還元の存在を示せばよい．

   (4) 任意の NP 問題 $\Pi$，任意の **NP 完全**である判定問題 $\Pi'$ に対して，$\Pi$ は **NP 完全**であると示すためには，$\Pi'$ から $\Pi$ への多項式時間還元の存在を示せばよい．

   (5) 巡回セールスマン判定問題 (**TS**) から最大全域木判定問題 (**MAX-ST**) への多項式時間還元が存在する．

   (6) 最大全域木判定問題 (**MAX-ST**) から巡回セールスマン判定問題 (**TS**) への多項式時間還元が存在する．

   (7) オイラーグラフ判定問題 (**EG**) は P 問題である．

   (8) オイラーグラフ判定問題 (**EG**) は **NP 完全**である．

   (9) **P ≠ NP** ならば，巡回セールスマン問題に対する近似比 $O(1)$ の多項式時間アルゴリズムは存在しない．

   (10) **P ≠ NP** ならば，3 充足可能性判定問題 (**3-SAT**) を解く多項式時間アルゴリズムが存在する．

2. 体 $F$ の上の行列 $A$ に対して，$E$ を $A$ の列ベクトルの集合とし，
$$\mathcal{I} = \{ X \subseteq E \mid X \text{ は線形独立な列ベクトルの集合} \}$$
と定義したとき，$M = (E, \mathcal{I})$ はマトロイドであることを示せ．このマトロイドを**行列マトロイド** (matric matroid) という．

3. グラフの完全グラフと同型な部分グラフを**クリーク** (clique) という．
  (1) **クリーク判定問題 (CLI)**
      入力：グラフ $G$，自然数 $k\ (\in \mathcal{N})$
      質問：$G$ に $k$ 個以上の点から成るクリークが存在するか．
     は NP 問題であることを示せ．
  (2) クリーク判定問題 (**CLI**) は **NP 完全**であることを，独立点集合判定問題 (**IS**) が **NP 完全**であることを利用して証明せよ．

4. 次の問に答えよ．
  (1) **同型部分グラフ判定問題 (SUB)**
      入力：グラフ $G, H$
      質問：$G$ に $H$ と同型な部分グラフが存在するか．
     は NP 問題であることを示せ．
  (2) 同型部分グラフ判定問題 (**SUB**) は **NP 完全**であることを，ハミルトングラフ判定問題 (**HG**) が **NP 完全**であることを利用して証明せよ．

5. グラフ $G$ の隣接しない辺の集合を**マッチング** (matching) という．
  (1) $G$ のマッチングの族を $\mathcal{I}$ としたとき，$M = (E(G), \mathcal{I})$ は独立系であることを示せ．
  (2) (1) の独立系に対しては，$q(M) \leq 2$ であることを示せ．

# 演習問題解答

**第1章**

1. (1) 不可能. 5点から成る (単純) グラフの点の次数は高々4 なので.
   (2) 不可能. 18ページの定理 1–3 より次数の総和は偶数でなければならないが, 次数の総和が 13 で奇数なので.
   (3) 図 A–1(a) に示す通り.
   (4) 不可能. 次数の大きな 4 点の次数の総和は 20 である. その 4 点を相互に接続する辺は高々6本なので, 少なくとも 8 本の辺が残りの 3 点と接続しなければ次数の総和が 20 とならない. しかし, 残りの 3 点の次数の総和は 6 であり高々6本の辺としか接続できない.
   (5) 図 A–1(b) に示す通り.

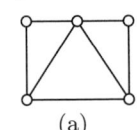

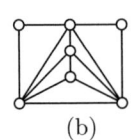

図 A–1

2. (1) 図 A–2 に示す通り.
   (2) $|V(Q_n)| = 2^n$.
   (3) $Q_n$ の任意の点の次数は $n$ である.
   (4) $|E(Q_n)| = n2^{n-1}$.
   (5) 点の系列 $\boldsymbol{x} = (x_1, x_2, x_3, \ldots, x_n)$, $(y_1, x_2, x_3, \ldots, x_n)$, $(y_1, y_2, x_3, \ldots, x_n)$, $\ldots$, $(y_1, y_2, y_3, \ldots, y_n) = \boldsymbol{y}$ の連続する同一点を 1 点にまとめて得られる点の系列は長さ $\sum_{i=1}^{n} |x_i - y_i|$ の $(x, y)$ 路に対応しているので, $\mathbf{dis}_{Q_n}(\boldsymbol{x}, \boldsymbol{y}) \leq \sum_{i=1}^{n} |x_i - y_i|$ である. 一方, これよりも短い路が存在するとすると, 座標が 2 以上異なる点が隣接することになり $Q_n$ の定義に反するから, $\mathbf{dis}_{Q_n}(\boldsymbol{x}, \boldsymbol{y}) \geq \sum_{i=1}^{n} |x_i - y_i|$ である. したがって, $\mathbf{dis}_{Q_n}(\boldsymbol{x}, \boldsymbol{y}) = \sum_{i=1}^{n} |x_i - y_i|$ を得る.
   (6) (5) から, $Q_n$ の任意の 2 点の間の距離は有限であるから, $Q_n$ は連結グラフである.
   (7) 点の座標が表す 2 進数の昇順に行と列を並べた隣接行列を示す.

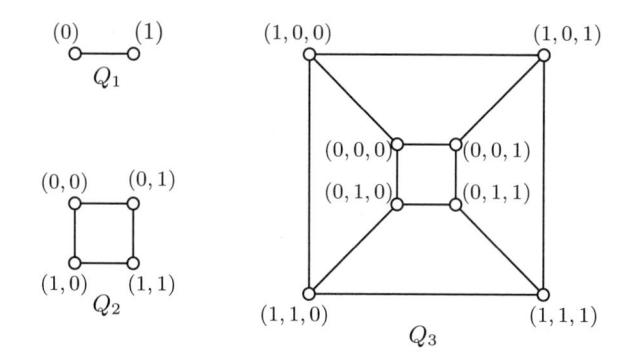

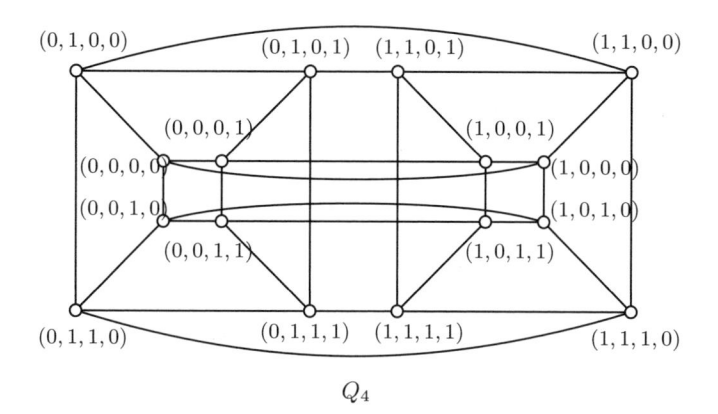

図 A–2

$$A(Q_3) = \begin{bmatrix} 0 & 1 & 1 & 0 & 1 & 0 & 0 & 0 \\ 1 & 0 & 0 & 1 & 0 & 1 & 0 & 0 \\ 1 & 0 & 0 & 1 & 0 & 0 & 1 & 0 \\ 0 & 1 & 1 & 0 & 0 & 0 & 0 & 1 \\ 1 & 0 & 0 & 0 & 0 & 1 & 1 & 0 \\ 0 & 1 & 0 & 0 & 1 & 0 & 0 & 1 \\ 0 & 0 & 1 & 0 & 1 & 0 & 0 & 1 \\ 0 & 0 & 0 & 1 & 0 & 1 & 1 & 0 \end{bmatrix}$$

**注意 1:** ハイパーキューブは再帰的な構造をしている．すなわち，$Q_{n-1}$ に同型なグラフを2つ用意して，それらの対応する点を辺で結んで得られるグラフが $Q_n$ である．そこで，$Q_n$ の隣接行列は一般に次のように表現できる．

$$A(Q_1) = \begin{bmatrix} 0 & 1 \\ 1 & 0 \end{bmatrix}$$

$$A(Q_n) = \left[ \begin{array}{c|c} A(Q_{n-1}) & I_x \\ \hline I_x & A(Q_{n-1}) \end{array} \right] \qquad (n \geq 2)$$

ただし，$I_x$ は $2^{n-1} \times 2^{n-1}$ の単位行列を表す．
(8) 点の座標が表す 2 進数の昇順に行を並べた接続行列を示す．

$$B(Q_3) = \begin{bmatrix} 1 & 0 & 1 & 0 & 0 & 0 & 0 & 0 & 1 & 0 & 0 & 0 \\ 1 & 0 & 0 & 1 & 0 & 0 & 0 & 0 & 0 & 1 & 0 & 0 \\ 0 & 1 & 1 & 0 & 0 & 0 & 0 & 0 & 0 & 0 & 1 & 0 \\ 0 & 1 & 0 & 1 & 0 & 0 & 0 & 0 & 0 & 0 & 0 & 1 \\ 0 & 0 & 0 & 0 & 1 & 0 & 1 & 0 & 1 & 0 & 0 & 0 \\ 0 & 0 & 0 & 0 & 1 & 0 & 0 & 1 & 0 & 1 & 0 & 0 \\ 0 & 0 & 0 & 0 & 0 & 1 & 1 & 0 & 0 & 0 & 1 & 0 \\ 0 & 0 & 0 & 0 & 0 & 1 & 0 & 1 & 0 & 0 & 0 & 1 \end{bmatrix}$$

**注意 2:** ハイパーキューブの再帰的な定義から，$Q_n$ の接続行列は一般に次のように表現できる．

$$B(Q_1) = \begin{bmatrix} 1 \\ 1 \end{bmatrix}$$

$$B(Q_n) = \left[ \begin{array}{c|c|c} B(Q_{n-1}) & O_{x \times y} & I_x \\ \hline O_{x \times y} & B(Q_{n-1}) & I_x \end{array} \right] \quad (n \geq 2)$$

ただし，$I_x$ は $2^{n-1} \times 2^{n-1}$ の単位行列を，$O_{x \times y}$ は $2^{n-1} \times (n-1)2^{n-2}$ の零行列を表す．

(9)
$$X = \{ \boldsymbol{x} \mid \boldsymbol{x} = (x_1, x_2, \ldots, x_n) \in V(Q_n), \sum_{i=1}^{n} x_i が偶数 \},$$
$$Y = \{ \boldsymbol{x} \mid \boldsymbol{x} = (x_1, x_2, \ldots, x_n) \in V(Q_n), \sum_{i=1}^{n} x_i が奇数 \}$$

と定義すると，$X \cup Y = V(Q_n)$ であり $X \cap Y = \emptyset$ である．また，
$$\boldsymbol{x} = (x_1, x_2, \ldots, x_n), \boldsymbol{x}' = (x_1', x_2', \ldots, x_n') \in X$$
$$\boldsymbol{y} = (y_1, y_2, \ldots, y_n), \boldsymbol{y}' = (y_1', y_2', \ldots, y_n') \in Y$$

であるとき，$\sum_{i=1}^{n}|x_i - x_i'| \neq 1$ であり $\sum_{i=1}^{n}|y_i - y_i'| \neq 1$ であるから，$(\boldsymbol{x}, \boldsymbol{x}'), (\boldsymbol{y}, \boldsymbol{y}') \notin E(Q_n)$ である．したがって，$(X, Y)$ は $V(Q_n)$ の 2 分割であり，$Q_n$ は 2 部グラフであることが分かる．

(10) (3) と (6) より，$Q_n$ は連結グラフであり，任意の点の次数は $n$ である．したがって，33 ページの定理 1-11 より，$n$ が偶数のとき，かつそのときに限って $Q_n$ はオイラーグラフであることが分かる．

(11) 次元に関する数学的帰納法で示す．明らかに $Q_2$ はハミルトングラフである．そこで，$Q_{n-1}$ はハミルトングラフであると仮定し，$Q_n$ がハミルトングラフであることを示す ($n \geq 3$)．帰納法の仮定より，$Q_{n-1}$ にはハミルトン閉路 $C$ が存在する．$C$ の任意の辺を $(u, v)$ とする．このとき，$Q_{n-1}$ に同型な 2 つのグラフの $C$ に対応する閉路 $C'$ と $C''$ からそれぞれ $(u, v)$ に対応する辺 $(u', v')$ と $(u'', v'')$ を除去し，辺 $(u', u'')$ と $(v', v'')$ を付加して得られる閉路は $Q_n$ のハミルトン閉路に対応しており，$Q_n$ がハミルトングラフであることが分かる．

$$K_4 \qquad K_{2,3}$$

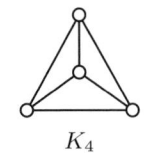

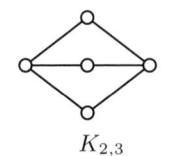

図 A–3

3. (1) 図 A–3 に $K_4$ と $K_{2,3}$ の平面描画をそれぞれ示す.
   (2) (a) 辺数 (より正確には辺数と点数の差) に関する数学的帰納法で示す. 連結な平面グラフ $G$ の窓数を $f(G)$ とする. $G$ は連結グラフであるので 24 ページの系 1–2 より $|E(G)| \geq |V(G)| - 1$ である. $|E(G)| = |V(G)| - 1$ のとき, 24 ページの例題 1–6 より $G$ は木であるので, $G$ の窓数は 1 である. したがって, $f(G) = |E(G)| - |V(G)| + 2$ が成り立つ. 辺数が $k$ $(k \geq |V(G)| - 1)$ である任意の連結な平面グラフに対して式が成り立つと仮定し, $|E(G)| = k + 1$ であるとき $G$ に対して式が成り立つことを示す. $G$ の任意の全域木を $T$ とする. このとき, $e \in E(G) \setminus E(T)$ は 25 ページの定理 1–8 よりある閉路に含まれるので, $G - \{e\}$ を $G'$ とすると, $G'$ は連結な平面グラフである. したがって, 帰納法の仮定より, $f(G') = |E(G')| - |V(G')| + 2$ となる. また, $|V(G')| = |V(G)|$ であり $|E(G')| = |E(G)| - 1$ である. さらに $e$ の両側に接する $G$ の 2 つの窓が $G'$ では 1 つの窓となるので $f(G') = f(G) - 1$ である.. したがって, $f(G) = |E(G)| - |V(G)| + 2$ となる.
   
   (b) 同じ窓に両側で接する辺も 2 つの窓に接するとみなすと各辺は 2 つの窓に接する. 窓に接する辺数 (同じ窓に両側で接する辺は 2 回数える) をすべての窓について合計すると $2m$ となる. また, 各窓には少なくとも 3 つの辺が接するので, $3f \leq 2m$ となる.
   
   (c) (a) と (b) より, $3f = 3(m - n + 2) \leq 2m$ であるので, $m \leq 3n - 6$ となる.
   
   (3) (a) $|V(K_5)| = 5$, $|E(K_5)| = 10$ より, $|E(K_5)| > 3|V(K_5)| - 6$ となり, (2)(c) に反するので平面的グラフでない.
   
   (b) $K_{3,3}$ は 2 部グラフであり閉路の長さは 4 以上であるので, 平面に描画できるとすると $4f \leq 2m$ となり, (2)(a) と組み合わせると, $4(m - n + 2) \leq 2m$ となる. すなわち, $m \leq 2n - 4$ となる. $|V(K_{3,3})| = 6$, $|E(K_{3,3})| = 9$ より, $|E(K_{3,3})| > 2|V(K_{3,3})| - 4$ となり, この条件に反するので平面的グラフでない.

4. 図 A–4 に示すように, 同じアルファベットの点を対応させる写像は同型写像である.

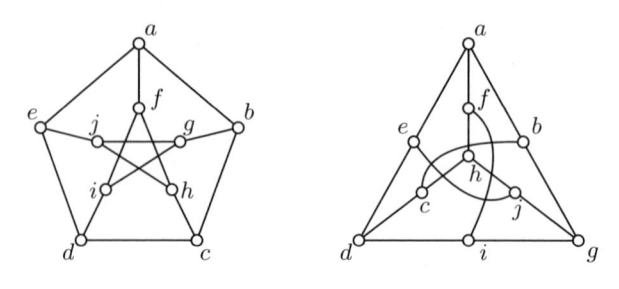

図 A–4

5. $\mathbf{diam}(G) = \max\{\mathbf{dis}_G(u,v) \mid u,v \in V(G)\}$ をグラフ $G$ の**直径** (diameter) という．同型なグラフの直径は等しいが，図 1–30 に示すグラフ $G$ と $H$ に対しては，$\mathbf{diam}(G) = 3$ であり $\mathbf{diam}(H) = 2$ であるので，$G$ と $H$ は同型でない．

6. 木 $T$ の最大次数が $k$ である点を $v$ とする．$T$ から $v$ を除去すると $k$ 個の連結成分からなる森 $F$ が得られる．$F$ の 1 点から成る連結成分の点の次数は 0 であり，その点の $T$ における次数は 1 である．また，$F$ の 2 点以上から成る連結成分には 21 ページの例題 1–4 より次数が 1 である点が 2 個以上存在するので，その中の少なくとも 1 点の $T$ における次数は 1 である．したがって，$T$ には次数が 1 である点が少なくとも $k$ 個存在する．

7. 図 A–5 に示す通り．同型ではない全域木は 2 つ存在する．

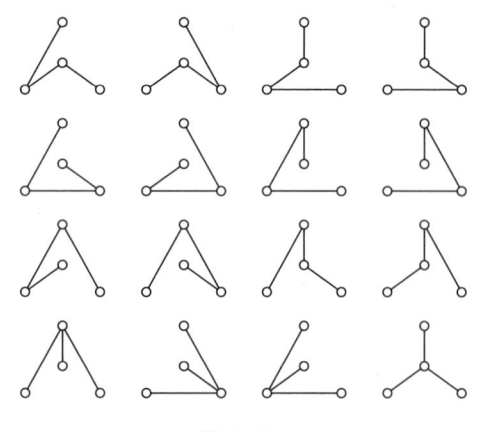

図 A–5

8. 省略．27 ページの定理 1–9 の証明を参考にせよ．

9. 木の高さに関する数学的帰納法で示す．高さが 0 の根付き木に対しては，明らかに命題は成り立つ．高さが $k-1$ 以下の任意の根付き木に対して命題が成り立

つと仮定し，高さが $k$ の任意の根付き木 $T$ に対して命題が成り立つことを示す $(k \geq 1)$．$T$ の根の子を根とする部分木の中で高さが最大の根付き木を $T_u$，その根を $u$ とすると，問題の前提条件より $|V(T)| \geq 2|V(T_u)|$ である．また，$T_u$ の高さは $k-1$ である．したがって，帰納法の仮定より，$k-1 \leq \log_2 |V(T_u)|$ であり，$k \leq 1 + \log_2 |V(T_u)| = \log_2(2|V(T_u)|) \leq \log_2 |V(T)|$ である．

10. ハミルトングラフではない．

11. $(a, x, y, z, y, c, y, b, a)$ は $N$ の全点を経由する閉ウォークである．その重みは 15 で最小である．

## 第 2 章

1. ある非負定数 $c_1$ と $c_2$ が存在し $\lim_{n \to \infty} \dfrac{f(n)}{g(n)} \leq c_1$ であり $\lim_{n \to \infty} \dfrac{g(n)}{h(n)} \leq c_2$ であるから
$$\lim_{n \to \infty} \frac{f(n)}{h(n)} = \lim_{n \to \infty} \frac{f(n)}{g(n)} \cdot \frac{g(n)}{h(n)} = \lim_{n \to \infty} \frac{f(n)}{g(n)} \cdot \lim_{n \to \infty} \frac{g(n)}{h(n)} \leq c_1 \cdot c_2$$
である．したがって $f(n) = O(h(n))$ である．

2. ある非負定数 $c_1$ と $c_2$ が存在し $\lim_{n \to \infty} \dfrac{f(n)}{s(n)} \leq c_1$ であり $\lim_{n \to \infty} \dfrac{g(n)}{t(n)} \leq c_2$ であるから
$$\lim_{n \to \infty} \frac{f(n) + g(n)}{s(n) + t(n)} = \lim_{n \to \infty} \frac{f(n)}{s(n) + t(n)} + \lim_{n \to \infty} \frac{g(n)}{s(n) + t(n)}$$
$$\leq \lim_{n \to \infty} \frac{f(n)}{s(n)} + \lim_{n \to \infty} \frac{g(n)}{t(n)} \leq c_1 + c_2$$
である．したがって，$f(n) + g(n) = O(s(n) + t(n))$ である．また
$$\lim_{n \to \infty} \frac{f(n) \cdot g(n)}{s(n) \cdot t(n)} = \lim_{n \to \infty} \frac{f(n)}{s(n)} \cdot \frac{g(n)}{t(n)} = \lim_{n \to \infty} \frac{f(n)}{s(n)} \cdot \lim_{n \to \infty} \frac{g(n)}{t(n)} \leq c_1 \cdot c_2$$
である．したがって，$f(n) \cdot g(n) = O(s(n) \cdot t(n))$ である．

3. ロピタル (l'Hospital) の定理より，
$$\lim_{n \to \infty} \frac{\log_2 n}{n^\epsilon} = \lim_{n \to \infty} \frac{1}{\epsilon n^\epsilon \log_e 2} = 0$$
であるから，$\log_2 n = o(n^\epsilon)$ である．

4. (1) ロピタルの定理より，任意の非負定数 $k\ (\geq 0)$ に対して，
$$\lim_{n \to \infty} \frac{c^n}{n^k} = \lim_{n \to \infty} \frac{(\log_e c)^k}{k!} c^n = \infty$$
であるから，$c^n \neq O(n^k)$ である．

   (2) (1) より $2^n$ は多項式オーダでない．任意の整数 $n\ (\geq 1)$ に対して $n! \geq 2^{n-1}$ であるから $n!$ も多項式オーダでない．

5. (1) $\lim_{n \to \infty} \dfrac{2^n}{3^n} = \lim_{n \to \infty} \left(\dfrac{2}{3}\right)^n = 0$．

(2) $\displaystyle\lim_{n\to\infty}\frac{n!}{n^n} = \lim_{n\to\infty}\frac{n-1}{n}\times\frac{n-2}{n}\times\cdots\times\frac{1}{n} \leq \lim_{n\to\infty}\frac{1}{n} = 0.$

(3) 任意の整数 $n\,(\geq 1)$ に対して $n! \geq 2\cdot 3^{n-2}$ であるから,

$$\lim_{n\to\infty}\frac{n!}{2^n} \geq \lim_{n\to\infty}\frac{3^{n-2}}{2^n} = \lim_{n\to\infty}\frac{1}{4}\cdot\left(\frac{3}{2}\right)^{n-2} = \infty$$

である.

6. (1) $\Theta(n^2)$. $\displaystyle\sum_{i=1}^{n}i = \frac{n(n+1)}{2}$ であるから.

(2) $\Theta(1)$. $\displaystyle\sum_{i=1}^{n}\frac{i}{2^i} = \sum_{i=1}^{n}\sum_{j=i}^{n}\frac{1}{2^j} = 2 - \frac{n+2}{2^n}$ であるから.

(3) $\Theta(2^n)$. $\displaystyle\sum_{i=0}^{n}{}_nC_i = 2^n$ であるから.

(4) $\Theta(1)$.

$$\frac{n}{n+1} = \left[-\frac{1}{i}\right]_1^{n+1} = \int_1^{n+1}\frac{1}{i^2}\,di$$
$$< \sum_{i=1}^{n}\frac{1}{i^2} \leq 1 + \int_1^{n}\frac{1}{i^2}\,di = 1 + \left[-\frac{1}{i}\right]_1^{n} = 2 - \frac{1}{n}$$

であるから.

(5) $\Theta(\log n)$.

$$\log_e(n+1) = [\log_e i]_1^{n+1} = \int_1^{n+1}\frac{1}{i}\,di < \sum_{i=1}^{n}\frac{1}{i} \leq 1 + \int_1^{n}\frac{1}{i}\,di$$
$$= 1 + [\log_e i]_1^{n} = 1 + \log_e n$$

であるから $\Theta(\log_e n)$ であり, 例題 2–3 より $\Theta(\log n)$ である.

(6) $\Theta(n\log n)$.

$$\frac{1}{\log_e 2}(n\log_e n - n + 1) = \frac{1}{\log_e 2}[i\log_e i - i]_1^{n}$$
$$= 0 + \int_1^{n}\log_2 i\,di \leq \sum_{i=1}^{n}\log_2 i \leq \int_1^{n+1}\log_2 i\,di$$
$$= \frac{1}{\log_e 2}[i\log_e i - i]_1^{n+1} = \frac{1}{\log_e 2}((n+1)\log_e(n+1) - n)$$

であるから $\Theta(n\log_e n)$ であり, 例題 2–3 より $\Theta(n\log n)$ である.

**注意 3:** $f(n)$ が単調減少関数ならば, 図 A–6(a) からも分かるように,

$$\int_1^{n+1}f(i)\,di \leq \sum_{i=1}^{n}f(i) \leq f(1) + \int_1^{n}f(i)\,di$$
$$\leq \int_0^{n}f(i)\,di = \int_1^{n+1}f(i-1)\,di$$

であり，$f(n)$ が単調増加関数ならば，図 A–6(b) からも分かるように，

$$\int_1^{n+1} f(i-1)\,di = \int_0^n f(i)\,di \leq f(1) + \int_1^n f(i)\,di$$
$$\leq \sum_{i=1}^n f(i) \leq \int_1^{n+1} f(i)\,di$$

である．

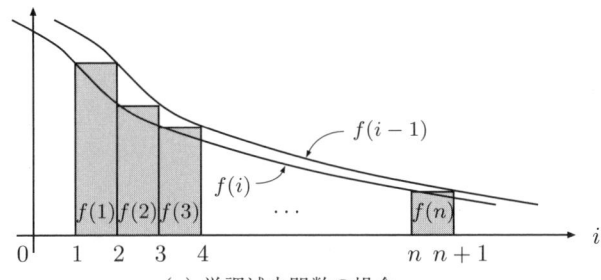

(a) 単調減少関数の場合

(b) 単調増加関数の場合

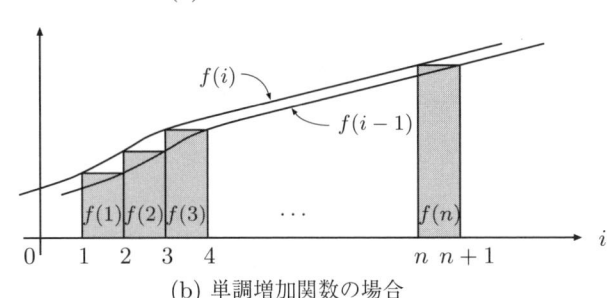

図 A–6

7. **2 部グラフ判定問題 (BG)** に付随する探索問題と最適化問題はそれぞれ

   **2 部グラフ問題**
   　入力：グラフ $G$
   　質問：$G$ が 2 部グラフならば，$G$ の 2 分割を 1 つ示せ．

   **2 部グラフ最適化問題**
   　入力：グラフ $G$
   　質問：$G$ の辺数が最大である 2 部グラフである部分グラフを 1 つ示せ．

   であり，**3 彩色判定問題 (3-COL)** に付随する探索問題と最適化問題はそれぞれ

**3彩色問題**
　入力：グラフ $G$
　質問：$\chi(G) \leq 3$ ならば，$G$ の3彩色を1つ示せ．

**3彩色最適化問題**
　入力：グラフ $G$
　質問：$G$ の辺数が最大である3彩色可能な部分グラフを1つ示せ．

である．

8. 彩色数問題に付随する判定問題と探索問題はそれぞれ

**彩色数判定問題 (CHR)**
　入力：グラフ $G$，自然数 $k$
　質問：$\chi(G) \leq k$ か．

**彩色数探索問題**
　入力：グラフ $G$，自然数 $k$
　質問：$\chi(G) \leq k$ ならば，$G$ の $k$ 彩色を1つ示せ．

である．

9. $G$ の点集合を表現する配列の大きさは $\Theta(n)$ である．各点の隣接点集合をリストで表現するための大きさは，$\Theta\left(\sum_{v \in V(G)} \deg_G(v)\right)$ であるが，任意の $v \in V(G)$ に対して $\deg_G(v) = O(1)$ であるので，これは $\Theta(n)$ に等しい．したがって，隣接リストの領域量は $\Theta(n)$ である．

10. 図 A–7 に示す通り．

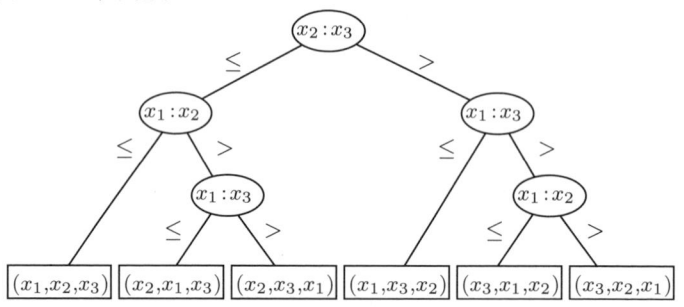

```
                    (x_2:x_3)
              ≤ /              \ >
         (x_1:x_2)            (x_1:x_3)
       ≤/      \>            ≤/      \>
   (x_1:x_3)  (x_2:x_3,x_1) (x_1:x_3,x_2) (x_1:x_2)
   ≤/   \>                                ≤/   \>
(x_1,x_2,x_3)(x_2,x_1,x_3)            (x_3,x_1,x_2)(x_3,x_2,x_1)
```

| $(x_1,x_2,x_3)$ | $(x_2,x_1,x_3)$ | $(x_2,x_3,x_1)$ | $(x_1,x_3,x_2)$ | $(x_3,x_1,x_2)$ | $(x_3,x_2,x_1)$ |

図 **A–7**

11. (1) ステップ4の出力は1回のみ実行され，時間計算量は $O(n)$ であり，それ以外のステップの時間計算量は $O(1)$ である．各 $j$ $(2 \leq j \leq n)$ に対して，ステップ2は $j-1$ 回繰り返され，また，他のステップの繰り返し回数はステップ2を超えないので，このアルゴリズムの時間計算量は，$\sum_{j=2}^{n}(j-1) = n(n-1)/2 = O(n^2)$ である．

(2) $k$ 番目に小さい整数を $y_k$ とする. $j=n$ のとき, ステップ 2 が $n-1$ 回繰り返されることで, 最大の整数 $y_n$ は $A[n]$ に格納される. $2 \leq j \leq n-1$ のとき, $y_{j+1}, y_{j+2}, \ldots, y_n$ がそれぞれ $A[j+1], A[j+2], \ldots, A[n]$ に格納されていると仮定すると, ステップ 2 が $j-1$ 回繰り返されることで, $y_1, y_2, \ldots, y_j$ の中の最大の整数 $y_j$ が $A[j]$ に格納される. $j=2$ に対してステップ 2 が終了したときには, $y_2, y_3, \ldots, y_n$ はそれぞれ $A[2], A[3], \ldots, A[n]$ に格納されているので, $y_1$ は $A[1]$ に格納されていることが分かる.

## 第 3 章

1. 93 ページのアルゴリズム 3–7(最短路アルゴリズム (ダイクストラ)) を適用する. アルゴリズム 3–7 のステップ 2 を実行した直後の各点のラベル $\lambda$ を表 A–1 に示す. また, 図 A–8 において, 各点の横に付してある数字が点 $s$ からの距離で $s$ から各点への最短路に含まれる辺を実線で示している.

表 A–1

| $\|X\|$ | $s$ | $a$ | $b$ | $c$ | $d$ | $e$ | $f$ | $g$ | $h$ |
|---|---|---|---|---|---|---|---|---|---|
| 1 | $\underline{0}$ | $\infty$ | $\infty$ | $\infty$ | $\infty$ | $\infty$ | $\infty$ | $\infty$ | $\infty$ |
| 2 | | 3 | $\underline{1}$ | 4 | $\infty$ | $\infty$ | $\infty$ | $\infty$ | $\infty$ |
| 3 | | $\underline{2}$ | | 4 | $\infty$ | 8 | $\infty$ | $\infty$ | $\infty$ |
| 4 | | | | $\underline{4}$ | 9 | 7 | $\infty$ | $\infty$ | $\infty$ |
| 5 | | | | | 9 | $\underline{5}$ | 12 | $\infty$ | $\infty$ |
| 6 | | | | | $\underline{6}$ | | 12 | 7 | 8 |
| 7 | | | | | | | 12 | $\underline{7}$ | 8 |
| 8 | | | | | | | 12 | | $\underline{8}$ |
| 9 | | | | | | | $\underline{9}$ | | |
| $d_N(s,\cdot)$ | 0 | 2 | 1 | 4 | 6 | 5 | 9 | 7 | 8 |

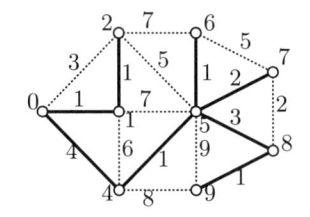

図 A–8

2. 図 A–9 左に最大全域木を, 図 A–9 右に最小全域木を示す.

3. 前順序番号付けの順に図 A–9 左の最大全域木の点を並べると $s, c, f, e, a, d, g, b, h$ となり, 後順序番号付けの順に点を並べると $g, d, a, b, h, e, f, c, s$ となる.

4. 29 ページの定理 1–10 より, グラフ $G$ が 2 部グラフであるための必要十分条件は, $G$ が奇閉路を含まないことである. 定理 1–10 の証明のように $G$ が 2 部グラフである場合には, $r$ からの距離が偶数である点の集合と奇数である点の集合

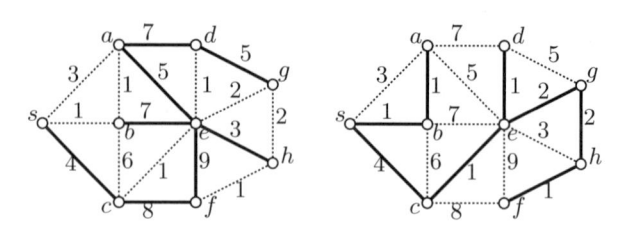

図 A–9

に 2 分割でき，奇閉路を含む場合には距離が偶数の点同士や奇数の点同士が隣接することになる．そこで，幅優先探索アルゴリズムを応用して，ある点からの距離が偶数の点にラベル 0 を，奇数の点にラベル 1 を付け，ラベル 0 の 2 点やラベル 1 の 2 点が隣接すれば 2 部グラフでないと判定し，そうでなければ，2 部グラフと判定するアルゴリズムを構成すればよい．次にアルゴリズムを示す．

■ アルゴリズム A–1 (連結 2 部グラフ判定アルゴリズム)

入力：連結グラフ $G$ (ただし，$|V(G)| = n$, $|E(G)| = m$ とする)
出力：「Yes」または「No」

　　ステップ 0： $\lambda(v) = \infty$ $(\forall v \in V(G))$ とし，$Y = E(G)$ とする．
　　ステップ 1： 点 $r$ を $V(G)$ から任意に選び，$s = r$, $i = 0$ とする．
　　ステップ 2： $\lambda(s) = i$ とする．
　　ステップ 3： $s$ に接続する $Y$ の辺をすべて待ち行列に追加し，追加した辺を $Y$ から削除する．
　　ステップ 4： 待ち行列が空ならば，「Yes」を出力して終了する．
　　ステップ 5： 待ち行列の先頭の辺を取り出す．取り出した辺を $(u,t)$ とする．
　　ステップ 6： $\lambda(t) = 1 - i$ ならば，ステップ 4 に戻る．
　　ステップ 7： $\lambda(t) = i$ ならば，「No」を出力して終了する．
　　ステップ 8： $s = t$ とし，$i = 1 - i$ として，ステップ 2 に戻る．　　　■

このアルゴリズムの時間計算量は 87 ページのアルゴリズム 3–5 (幅優先探索アルゴリズム (待ち行列利用)) と同じである．したがって，88 ページの定理 3–5 から，$O(n + m)$ 時間で終了することが分かる．また，$G$ は連結グラフであるから，60 ページの定理 2–3 より $n = O(m)$ であり，このアルゴリズムの時間計算量は，$O(m)$ と評価できる．

5. グラフ $G$ の辺集合がいくつかの閉路の辺集合に分割できるための必要十分条件は，$G$ がオイラーグラフであることである．$G$ がオイラーグラフであるとき，$G$ の任意の閉路を求めてその閉路の辺を除去する，という操作を繰り返せば所望の分割が得られる．閉路を求めるためには，任意の辺 $(u, v)$ を選び，$G$ から $(u, v)$ を除去したグラフにおいて $(u, v)$ 路を求めればよい．次にアルゴリズムを示す．

演習問題解答　**171**

■ **アルゴリズム A–2** (閉路分割アルゴリズム)

入力：オイラーグラフ $G$ (ただし, $|V(G)| = n$, $|E(G)| = m$ とする)
出力：閉路の集合

　ステップ 0：$X = E(G)$ とする．
　ステップ 1：$X = \emptyset$ ならば終了する．
　ステップ 2：辺 $(u, v)$ を $X$ から任意に選び，$X = X \setminus \{(u, v)\}$ とする．
　ステップ 3：$G\langle X \rangle$ の $(u, v)$ 路を求め $P$ とする．
　ステップ 4：辺 $(u, v)$ と $(u, v)$ 路 $P$ から成る閉路を出力する．
　ステップ 5：$X = X \setminus E(P)$ とする．
　ステップ 6：ステップ 1 に戻る．　■

ステップ 3 は深さ優先探索や幅優先探索を用いることで実行できる．例えば，76 ページの**アルゴリズム 3–1** (深さ優先探索アルゴリズム) を用いるとすると，アルゴリズム 3–1 のステップ 1 で点 $s$ として点 $u$ を選び，得られる DFS 木で点 $v$ から点 $p(v)$, 点 $p(p(v))$, と点 $u$ まで辿ることで $(u, v)$ 路が得られる．60 ページの定理 2–3 より $n = O(m)$ であり，77 ページの定理 3–1 よりステップ 3 は 1 回あたり $O(m)$ で実行できる．ステップ 3 は高々 $m$ 回繰り返されるのでステップ 3 全体の時間計算量は $O(m^2)$ である．また，他のステップはそれぞれ全体で $O(m)$ で実行できるので，このアルゴリズムの時間計算量は $O(m^2)$ である．

6. グラフ $G$ のすべての辺 $(u, v)$ に対して，$G$ から $(u, v)$ を除去したグラフにおいて最短 $(u, v)$ 路を求める．得られた最短路の中で長さが最小である $(x, y)$ 路と辺 $(x, y)$ から成る閉路を出力すればよい．次にアルゴリズムを示す．

■ **アルゴリズム A–3** (最小閉路探索アルゴリズム)

入力：グラフ $G$ (ただし, $|V(G)| = n$, $|E(G)| = m$ とする)
出力：閉路 $C$

　ステップ 0：$X = E(G)$, $C = \emptyset$, $l = \infty$ とする．
　ステップ 1：$X = \emptyset$ ならば $C$ を出力して終了する．
　ステップ 2：辺 $(u, v)$ を $X$ から任意に選び，$X = X \setminus \{(u, v)\}$ とする．
　ステップ 3：$G - \{(u, v)\}$ の最短 $(u, v)$ 路を求め $P$ とする．
　ステップ 4：$|E(P)| + 1 < l$ ならば，$C = P + \{(u, v)\}$ とし $l = |E(P)| + 1$ とする．
　ステップ 5：ステップ 1 に戻る．　■

ステップ 3 は 88 ページの**アルゴリズム 3–6** (距離ラベル付けアルゴリズム) で求めることができる．すなわち，アルゴリズム 3–6 のステップ 1 で点 $u$ を点 $r$ として選び，出力される点 $v$ のラベル $\lambda(v)$ に対応する路を $P$ とする．ただし，

$\lambda(v)$ の値が無限ならば $G - \{(u,v)\}$ において $(u,v)$ 路は存在しないので,ステップ 4 は実行しなくてもよい.ステップ 3 は 91 ページの定理 3–6 より $O(n+m)$ で実行できる.また,ステップ 3 は $m$ 回繰り返されるので全体の時間計算量は $O(nm+m^2)$ となる.他のステップの時間計算量はこれを超えないのでこのアルゴリズムの時間計算量は $O(nm+m^2)$ である.なお,入力のグラフが連結ならば 60 ページの定理 2–3 より $n = O(m)$ であり,このアルゴリズムの時間計算量は $O(m^2)$ と評価できる.

7. 含む葉の数が最大である木の最大独立点集合 $S$ を考える.$S$ に含まれない葉を $l$ とし,$l$ と隣接する点を $v$ とする.$v$ が $S$ に含まれないとすると,$S \cup \{l\}$ も独立点集合であり $S$ の要素数が最大であることに矛盾し,$v$ が $S$ に含まれるならば,$(S \setminus \{v\}) \cup \{l\}$ も独立点集合であり $S$ に含まれる葉の数が最大であることに矛盾する.したがって,木にはすべての葉を含む最大独立点集合が存在する.また,葉の隣接点はすべての葉を含む最大独立点集合には含まれないので,葉を含む最大独立点集合の残りの要素は,すべての葉とそのすべての隣接点を除いて得られる木の最大独立点集合からなる.そこで木のすべての葉を最大独立点集合の要素として選び,すべての葉とそのすべての隣接点を除いて得られる木に対して再び最大独立点集合を求める操作を繰り返せばよい.アルゴリズムを次に示す.

■ アルゴリズム A–4 (木の最大独立点集合アルゴリズム)

入力:木 $T$ (ただし,$|V(T)| = n$, $|E(T)| = m$ とする)
出力:$T$ の最大独立点集合 $S$ $(\subseteq V(T))$

　ステップ 0:$S = \emptyset$ とする.
　ステップ 1:$T$ のすべての葉の集合 $L$ を求め,$S = S \cup L$ とする.
　ステップ 2:$T$ に $L$ の点に隣接しない点が存在するならば,$T$ から $L$ と $L$ の点に隣接するすべての点を除去して得られる木を $T$ としてステップ 1 に戻る.
　ステップ 3:$S$ を出力して終了する. ■

木のすべての葉を求めるには,すべての点の次数を調べればよいので,ステップ 1 の時間計算量は $O\left(\sum_{v \in V(G)} \deg_G(v)\right)$ であり,これは 18 ページの定理 1–3 より $O(m)$ である.また,21 ページの定理 1–5 より $m = n - 1$ であるので,$O(m) = O(n)$ である.また,ステップ 1 を $O(n)$ 回繰り返せばこのアルゴリズムは終了する.他のステップの時間計算量はステップ 1 の時間計算量を超えないので,このアルゴリズムの時間計算量は $O(n^2)$ である.

# 第 4 章

1. (1) 不明 ($\mathbf{P} = \mathbf{NP}$ ならば存在し $\mathbf{P} \neq \mathbf{NP}$ ならば必ずしも存在しない)
　 (2) 真　(3) 偽 ($\Pi$ から $\Pi'$ への多項式時間還元を示せばよい)

(4) 真  (5) 不明 ($\mathbf{P} = \mathbf{NP}$ ならば存在し $\mathbf{P} \neq \mathbf{NP}$ ならば存在しない)
(6) 真  (7) 真
(8) 不明 ($\mathbf{P} = \mathbf{NP}$ ならば **NP** 完全であり，$\mathbf{P} \neq \mathbf{NP}$ ならば **NP** 完全でない)
(9) 真  (10) 偽

2. ベクトル空間の線形独立なベクトルの性質から明らかであるので，省略する．

3. (1) $k$ 個以上の点から成るクリークは多項式時間で確認できる証拠であるから，**クリーク判定問題 (CLI)** は NP 問題である．
   (2) グラフ $G$ に対して，$V(\overline{G}) = V(G)$，および
   $$E(\overline{G}) = \{(u,v) \mid (u,v) \notin E(G)\}$$
   と定義されるグラフ $\overline{G}$ を $G$ の**補グラフ** (complement graph) という．定義から，$G$ の独立点集合は $\overline{G}$ のクリークに対応している．したがって，**独立点集合判定問題 (IS)** の入力 $G$ に対して **CLI** の入力 $\overline{G}$ を対応させる写像は，**IS** から **CLI** への多項式時間還元である．したがって，137 ページの定理 4–6 より **CLI** は **NP** 完全である．

4. (1) $G$ の $H$ と同型な部分グラフと $H$ からその部分グラフへの同型写像は多項式時間で確認できる証拠であるから，**同型部分グラフ判定問題 (SUB)** は NP 問題である．
   (2) **SUB** の入力 $H$ を $|V(G)|$ 点から成る閉路とすると，**SUB** は $G$ はハミルトングラフであるかを問う**ハミルトングラフ判定問題 (HG)** となる．すなわち，**HG** は，**SUB** の部分問題である．したがって，137 ページの系 4–1 より **SUB** は **NP** 完全である．

5. (1) マッチングの定義から明らかであるので，省略する．
   (2) 任意の辺の集合 $S$ ($\subseteq E(G)$) に対して，$X$ を $M(S)$ の要素数最大の任意の基とし，$Y$ を $M(S)$ の要素数最小の任意の基とする．$Y$ の辺でない $X$ のある辺 $e$ ($\in X \setminus Y$) が $Y$ の辺に隣接していないとすると，$Y \cup \{e\}$ も $G\langle S \rangle$ のマッチングとなり，$Y$ が $G\langle S \rangle$ の極大マッチングであることに反する．したがって，$X$ の任意の辺は $Y$ に含まれるか $Y$ の辺に隣接している．また，$X$ は $G\langle S \rangle$ のマッチングであるから，$Y$ の各辺に隣接する $X$ の辺は高々2本である．したがって，$|X| \leq 2|Y|$ であるから，
   $$\frac{\rho_{\max}(S)}{\rho_{\min}(S)} \leq 2$$
   である．ゆえに，
   $$q(M) = \max\left\{\frac{\rho_{\max}(S)}{\rho_{\min}(S)} \,\middle|\, S \subseteq E(G)\right\} \leq 2$$
   を得る．153 ページの定理 4–13 から近似比は高々2 である．

# 付　　録

## 1　集合

要素 (element) の集まりを**集合** (set) という．要素は**元**といわれることもある．$x$ が集合 $A$ の要素であることを $x \in A$ と表す．集合は $\{0, 1, 2\}$ のように要素を書き並べる方法，もしくは $\{x \mid 0 \leq x \leq 2, x \in \mathcal{N}\}$ のように要素が集合に属すための条件を書き並べる方法で表現される．要素を1つも含まない集合を**空集合** (empty set) といい $\emptyset$ もしくは $\{\}$ と表す．集合 $A$ の大きさ，すなわち，$A$ に含まれる異なる要素の数を $|A|$ で表し，$A$ の要素数という．$|A|$ は集合の**濃度** (cardinal) ともいわれる．含まれる要素の数が有限である集合を**有限集合** (finite set) といい，そうでない集合を**無限集合** (infinite set) という．基本的な無限集合として，整数の集合を $\mathcal{Z}$ で，自然数 (0 以上の整数) の集合を $\mathcal{N}$ で，実数の集合を $\mathcal{R}$ で，非負実数の集合を $\mathcal{R}^+$ でそれぞれ表す．

集合 $A$ の任意の要素が集合 $B$ に含まれるとき，$A$ は $B$ の**部分集合** (subset) であるといい，$A \subseteq B$ と表す．$A \subseteq B$ かつ $B \subseteq A$ であるとき，$A$ は $B$ と**等しい** (equivalent) といい，$A = B$ と表す．$A \subseteq B$ かつ $A \neq B$ であるとき，$A$ は $B$ の**真部分集合** (proper subset) であるといい，$A \subset B$ と表す．ただし，部分集合と真部分集合を区別せず，$A$ は $B$ の部分集合であることを単に $A \subset B$ と表現することもある．集合 $A$ のすべての部分集合から成る集合を $A$ の**べき集合** (power set) といい，$2^A$ で表す．すなわち，$2^A = \{B \mid B \subseteq A\}$ である．例えば，$2^{\{0,1\}} = \{\emptyset, \{0\}, \{1\}, \{0,1\}\}$ である．$|2^A| = 2^{|A|}$ であることが分かる.

集合 $A$ もしくは集合 $B$ に含まれる ($A$ と $B$ の両方に含まれていてもよい) 要素から成る集合を $A$ と $B$ の**和** (union) といい，$A \cup B$ と表現する．同様に，集合 $A$ と集合 $B$ の両方に含まれる要素から成る集合を $A$ と $B$ の**共通部分**

(intersection), $A$ には含まれるが $B$ には含まれない要素から成る集合を $A$ と $B$ の**差** (difference) といい, それぞれ $A \cap B$, および $A \setminus B$ と表現する. 集合に対して定義される和, 及び, 共通部分をとる操作はそれぞれ結合則を満たすので, 和の操作の系列, 及び, 共通部分の操作の系列ではそれぞれ括弧を省略できる. 集合 $S_1, S_2, \ldots, S_k$ の和は $S_1 \cup S_2 \cup \cdots \cup S_k = \bigcup_{i=1}^{k} S_i$ と表現され, 共通部分は $S_1 \cap S_2 \cap \cdots \cap S_k = \bigcap_{i=1}^{k} S_i$ と表現される.

$S$ を集合とし, $S_1, S_2, \ldots, S_k$ を $S$ の部分集合の族とする. 次の条件:

1. $S = \bigcup_{i=1}^{k} S_i$
2. $S_i \cap S_j = \emptyset \ (i \neq j)$

が共に満たされているとき, $(S_1, S_2, \ldots, S_k)$ は $S$ の**分割** (partition) であるという. また, $S$ は $S_1, S_2, \ldots, S_k$ に分割されるという.

## 2 写像と関係

集合 $A$ の任意の要素 $x$ に集合 $B$ のある要素 $y$ が一意に対応するとき, $f: x \longmapsto y$ または $y = f(x)$ と表す. このとき, $f$ を $A$ から $B$ への**写像** (mapping) という. 写像は**関数** (function) ともいわれる. $f$ が $A$ から $B$ への写像であることを $f : A \to B$ と表す.

集合 $A$ から集合 $B$ への写像 $f : A \to B$ は, 任意の異なる要素 $x$ と $y$ ($\in A$) に対して, $f(x) \neq f(y)$ であるとき**単射** (injection, one-to-one) という. 集合 $A$ から集合 $B$ への写像 $f : A \to B$ は, $B = \{f(x) \mid x \in A\}$ であるとき**全射** (surjection, onto) という. 単射でありかつ全射である写像を**全単射** (bijection) という. 集合 $A$ から集合 $A$ への写像を $A$ 上の写像という. $A$ 上の全単射を $A$ 上の**置換** (permutation) という.

集合 $A$ から集合 $B$ への写像 $f : A \to B$ と集合 $B$ から集合 $C$ への写像 $g : B \to C$ に対し, $x \in A$ を $g(f(x)) \in C$ に対応させる写像を $f$ と $g$ の**合成写像** (composite mapping) といい, $g \circ f : A \to C$ と表す. 合成写像は結合則を満たす操作である. すなわち, 3つの写像 $f : A \to B$, $g : B \to C$, $h : C \to D$ に対して, $h \circ (g \circ f) = (h \circ g) \circ f$ であり, $h \circ g \circ f$ と表す.

集合 $A$ の任意の 2 つの要素 $x$ と $y$ ($\in A$) に対して，$x$ と $y$ がある性質 (関係) を満たすとき $x \prec y$ と表し，満たさないとき $x \not\prec y$ と表す．ただし，$x \prec y$ であり $y \not\prec x$ であることもあるので，$x$ と $y$ の順序は重要である．このとき，$\prec$ を集合 $A$ 上の**関係** (relation) という．関係 $\prec$ は集合 $A$ の任意の 3 つの要素 $x, y, z$ ($\in A$) に対して，$x \prec y$ であり $y \prec z$ であるとき，$x \prec z$ であるならば，**推移律** (transitivity) を満たすという．例えば，実数 $\mathcal{R}$ 上に定義される $x$ は $y$ より小さいという関係は，$x < y$ と表される推移律を満たす関係である．

## 3 論理関数

**論理変数** (logical variable) は，**真** (true) または**偽** (false) を値としてとる変数であり，論理変数を入力とし真または偽を出力する写像 (関数) を**論理関数** (logical function) という．一般に，真を 1 に対応させ，偽を 0 に対応させるので，以下でもその対応関係を用いて説明する．論理関数を表現するために用いる基本的な**論理演算** (logical operator) として**否定** (not, NOT)，**論理和** (logical sum, OR)，**論理積** (logical product, AND) があり，それらの演算を用いて任意の論理関数が表現できることが知られている．

論理変数 $x$ に対する**否定** (not, NOT) を $\overline{x}$ と表現する．$x = 0$ のとき $\overline{x} = 1$，$x = 1$ のとき $\overline{x} = 0$ となる．否定を自然言語に対応させると「でない」に対応する．論理関数 $f$ に対する否定も同様に定義され，$\overline{f}$ と表現する．

論理変数 $x$ と $y$ に関する**論理和** (logical sum, OR) を $x \vee y$ と表現する．$x = y = 0$ のとき $x \vee y = 0$，それ以外のとき $x \vee y = 1$ となる．論理和は「または」に対応する．論理和は結合則を満たす．すなわち，$(x \vee y) \vee z = x \vee (y \vee z)$ である．したがって，論理和の系列では括弧を省略でき，$x \vee y \vee z$ と表現できる．論理変数 $x_1, x_2, \ldots, x_n$ に対して，$x_1 \vee x_2 \vee \cdots \vee x_n$ を $\bigvee_{i=1}^{n} x_i$ と表現する．また，論理関数に対しても同様に論理和が定義される．論理和は，実数の上の和と似ているので，誤解が生じない限り $x + y$ と表現することもある．

論理変数 $x$ と $y$ に関する**論理積** (logical product, AND) を $x \wedge y$ と表現する．$x = y = 1$ のとき $x \wedge y = 1$，それ以外のとき $x \wedge y = 0$ となる．論理積は「かつ」に対応する．論理積は結合則を満たす．すなわち，$(x \wedge y) \wedge z = x \wedge (y \wedge z)$

である．したがって，論理積の系列では括弧を省略でき，$x \wedge y \wedge z$ と表現できる．論理変数 $x_1, x_2, \ldots, x_n$ に対して，$x_1 \wedge x_2 \wedge \cdots \wedge x_n$ を $\bigwedge_{i=1}^{n} x_i$ と表現する．また，論理関数に対しても同様に論理積が定義される．論理積は，実数の上の積と似ているので，誤解が生じない限り $xy$ と表現することもある．

論理変数の肯定形 $x$，および，否定形 $\bar{x}$ を**リテラル** (literal) といい，リテラルの論理和の系列を**節** (clause) という．節の論理積の系列を**和積形** (conjunctive form, product of sums) という．また，節の論理積の系列は，各節がすべての論理変数の肯定形または否定形のリテラルを含むとき，**和積標準形** (conjunctive normal form) という．任意の論理関数は和積形や和積標準形により表現できることが知られている．また，上の定義において論理和と論理積を入れ替えた表現を**積和形** (disjunctive form, sum of products)，**積和標準形** (disjunctive normal form) という．積和形や積和標準形によっても任意の論理関数が表現できることが知られている．

## 4 その他

$x$ を上回らない最大の整数，すなわち，$x$ の**切捨て** (rounding down) を $\lfloor x \rfloor$ で表し，$x$ を下回らない最小の整数，すなわち，$x$ の**切上げ** (rounding up) を $\lceil x \rceil$ で表す．$\lfloor x \rfloor$ は $[x]$ と表すこともあるが，本書では，$x$ の切上げ $\lceil x \rceil$ と対にして $x$ の切捨てを $\lfloor x \rfloor$ で表す．

# 参考文献

本書はグラフとアルゴリズムの理論の入口にすぎない．さらに勉強を進めるための本を紹介しておこう．グラフ理論に関しては

J.A.Bondy, U.S.R.Murty,Graph Theory with Applications, Revised Edition,North-Holland, 1976 年

がある．この本には邦訳

立花，奈良，田澤 訳，グラフ理論への入門，共立出版, 1991 年

が出版されている．アルゴリズムとデータ構造に関しては

T.H.Cormen, C.E.Leoserson, R.L.Rivest, C.Stein, Introduction to Algorithms, Secomd Edition, The MIT Press, 2001 年

がある．この本の初版には邦訳

浅野，岩野，梅尾，山下，和田 訳，アルゴリズムイントロダクション，近代科学社, 1995 年

が出版されている．マトロイドとアルゴリズムに関しては

E.L.Lawler, Combinatorial Optimization: Networks and Matroids, Holt, Rinehart and Winston, 1976 年

がある．NP 完全の理論に関しては

M.R.Garey, D.S.Johnson, Computers and Intractability: A Guide to the Theory of NP-Completeness, Freeman and Company, 1979 年

がある．

# 索　引

## 欧文索引

$+ (G + S)$　4
$- (G - S)$　4
$\in (x \in A)$　174
$\subseteq (A \subseteq B)$　174
$\subset (A \subset B)$　174
$\cup (A \cup B)$　174
$\cap (A \cap B)$　175
$\setminus (A \setminus B)$　175
$\vee (x \vee y)$　176
$\wedge (x \wedge y)$　176
$\to (f : A \to B)$　175
$\propto (\Pi_1 \propto \Pi_2)$　134
$|A|$　174
$\lceil x \rceil$　177
$\lfloor x \rfloor$　177
$\emptyset$　174
$\forall$　76
$\mathcal{A}$　56
$A(G) = [a_{i,j}]$　14
$\mathcal{A}(s)$　148
$A[i:j]$　70
$A[i]$　70
$B(G) = [b_{i,j}]$　15
$\chi(G)$　31
$\deg_G(v)$　6
$\mathrm{diam}(G)$　164
$\mathrm{dis}_G(u,v)$　11
$\mathrm{dis}_N(u,v)$　12
$E(G)$　1

$F$　22
$G$　1
$G\langle S \rangle$　4
$G[S]$　4
$h(T)$　26
$I$　49
$\mathcal{I}(G)$　118
$\mathcal{I}(S)$　153
$k'(v)$　84
$k(v)$　84
$K_{p,q}$　36
$K_n$　35
$M$　115
$M(G)$　118
$M(S)$　153
$N$　6
$\mathcal{N}$　174
**NP**　130
$o(n)$　45
$O(n)$　45
$\Omega(n)$　45
$\omega(n)$　45
$OPT(s)$　149
$P$　9
**P**　130
$\mathcal{P}$　114
$\Pi$　49
$q(M)$　153
$Q(x)$　49
$\mathcal{R}$　6, 174
$\mathcal{R}^+$　51, 174

$\rho_{\max}(S)$  153
$\rho_{\min}(S)$  153
$T$  19
$t_{\mathcal{A}}(s)$  56
$\mathcal{T}_{\mathcal{A}}(n)$  56
$T_D$  77
$\Theta(n)$  45
$V(G)$  1
$w(e)$  6, 122
$W(N) = [w_{i,j}]$  17
$w(P)$  12
$w(S)$  122
$w(T)$  99
$\mathcal{Z}$  64, 174

3-COL (3 彩色判定問題参照)  74
3-SAT (3 充足可能性判定問題参照)  141
BG (2 部グラフ判定問題参照)  74
C-BG (連結 2 部グラフ判定問題参照)  107
C-EG (連結オイラーグラフ判定問題参照)  61
CHR (彩色数判定問題参照)  168
CLI (クリーク判定問題参照)  159
CON (連結性判定問題参照)  131
DIS (距離判定問題参照)  131
EG (オイラーグラフ判定問題参照)  52
HG (ハミルトングラフ判定問題参照)  52
IS (独立点集合判定問題参照)  133
ISO (グラフ同型判定問題参照)  133
MAX-ST (最大全域木判定問題参照)  131
MAX-TS (最大巡回セールスマン判定問題参照)  146
MST (最小全域木判定問題参照)  131
SAT (充足可能性判定問題参照)  137
SUB (同型部分グラフ判定問題参照)  159
T-TS (三角巡回セールスマン判定問題参照)  145
TS (巡回セールスマン判定問題参照)  51

## 和文索引

### あ 行

後入れ先出し (last-in first-out, LIFO)  82
後順序番号 (postorder number)  84
後順序番号付け (postorder numbering)  84
アルゴリズム (algorithm)  55
一様マトロイド (uniform matroid)  121
ウォーク (walk)  9
NP 完全 (NP-complete)  136, 148
NP 困難 (NP-hard)  147, 148
NP 問題 (NP-problem)  130
オイラーグラフ (eulerian graph)  32
オイラーグラフ判定問題 (EG)  52, 61, 158
オイラートレイル (Euler trail)  32
オイラー閉トレイル (Euler closed trail)  32
オイラー閉トレイル問題  52
大きさ (入力の) (size)  56
オーダ (order)  45
重み (weight)  6, 12, 99, 122
重み関数 (weight function)  6
重み行列 (weight matrix)  17
親 (parent)  26

### か 行

解 (solution)  109
確率的アルゴリズム (stochastic algorithm)  110
合併発見 (union-find)  103–105
関係 (relation)  136, 176
関数 (function)  175
完全グラフ (complete graph)  35
完全 2 部グラフ (complete bipartite graph)  36
基 (base)  116
偽 (false)  176

木 (tree) 18
奇点 (odd vertex) 18
木の最大独立点集合アルゴリズム 172
奇閉路 (odd cycle) 29
共通部分 (intersection) 175
行列マトロイド (matric matroid) 159
局所最適 (local optimum) 110
極大 (maximal) 13
距離 (distance) 11
距離判定問題 (DIS) 131
距離ラベル付けアルゴリズム 88
切上げ (rounding up) 48, 177
切捨て (rounding down) 69, 177
近似アルゴリズム (approximate algorithm) 109, 148
近似解 (approximate solution) 109
近似比 (approximation ratio) 109, 149
空集合 (empty set) 174
偶点 (even vertex) 18
偶閉路 (even cycle) 29
組合せの数 (combination) 36
グラフ (graph) 1
グラフ的マトロイド (graphic matroid) 119
グラフ同型判定問題 (ISO) 133, 146
クリーク (clique) 159
クリーク判定問題 (CLI) 159, 174
計算量 (complexity) 54
決定性アルゴリズム (deterministic algorithm) 129
元 (要素を参照) 174
厳密アルゴリズム (exact algorithm) 109
子 (child) 26
合成写像 (composite mapping) 136, 175
構成的アルゴリズム (constructive algorithm) 109

### さ 行

サーキット (circuit) 116
サイクル (閉路参照) 10
最小全域木 (minimum spanning tree) 99
**最小全域木アルゴリズム** 106
最小全域木判定問題 (MST) 131
最小全域木問題 106
**最小閉路探索アルゴリズム** 171
彩色 (coloring) 31
彩色数 (chromatic number) 31
彩色数探索問題 168
彩色数判定問題 (CHR) 168
彩色数問題 74, 168
最大基 (maximum base) 122
最大基問題 (maximum base problem) 122–124, 152, 153, 155
最大巡回セールスマン判定問題 (MAX-TS) 145, 146, 148
最大巡回セールスマン問題 123, 145, 147, 155, 157
最大全域木 (maximum spanning tree) 99
**最大全域木アルゴリズム (クラスカル)** 99
最大全域木判定問題 (MAX-ST) 131, 158
最大全域木問題 99, 101, 105, 109, 110, 114, 123, 124
最大独立点集合問題 147
最大閉トレイル問題 52
最大閉路問題 52, 53
最短路 (shortest path) 11
**最短路アルゴリズム (ダイクストラ)** 93
最短路問題 93, 94, 112, 113
最長路 (longest path) 97
最長路問題 97, 98
最適解 (optimum solution) 109
最適化問題 (optimization problem) 50
最適性の原理 (principle of optimality) 112
先入れ先出し (first-in first-out, FIFO) 87
三角巡回セールスマンアルゴリズム 149

三角巡回セールスマン判定問題 (T-TS)　145, 146, 148
三角巡回セールスマン問題　147, 149, 150
三角不等式 (triangular inequality)　145
3 彩色最適化問題　168
3 彩色判定問題 (3-COL)　74, 132, 139, 141–144, 148, 167
3 彩色問題　147, 168
3 充足可能性判定問題 (3-SAT)　141–144, 158
時間計算量 (time complexity)　54, 56
次数 (degree)　6
指数オーダ (exponential order)　45
次数系列 (degree sequence)　41
指数時間アルゴリズム (exponential time algorithm)　56
質問 (question)　49
始点 (origin)　9
写像 (mapping)　6, 175
集合 (set)　1, 174
充足可能性判定問題 (SAT) (satisfiability decision problem)　137–139, 141, 142
従属集合 (dependent set)　116
終点 (terminus)　9
巡回セールスマン探索問題　51
巡回セールスマン独立系 (traveling salesman independence system)　155
巡回セールスマン判定問題 (TS)　51, 52, 132, 134, 135, 145, 146, 148, 158
巡回セールスマン問題 (traveling salesman problem)　38, 51, 108, 123, 145, 147, 152, 158
順序番号付けアルゴリズム　84
初期解 (initial solution)　109
真 (true)　176
真部分集合 (proper subset)　13, 174
推移律 (transitivity)　136, 176

スタック (stack)　81
整列問題 (sorting problem)　64–67, 69, 72, 111
積和形 (disjunctive form, sum of products)　177
積和標準形 (disjunctive normal form)　177
節 (clause)　138, 177
接続 (incident)　2
接続行列 (incidence matrix)　15
全域木 (spanning tree)　23
全域部分グラフ (spanning subgraph)　8
全域森 (spanning forest)　118
線形オーダ (linear order)　45
線形時間アルゴリズム (linear time algorithm)　56
全射 (surjection, onto)　175
全単射 (bijection)　7, 175

た 行

対称行列 (symmetric matrix)　16
高さ (height)　26
多項式オーダ (polynomial order)　45
多項式時間アルゴリズム (polynomial time algorithm)　56
多項式時間還元 (polynomial time reduction)　134
多重グラフ (multigraph)　2, 122
探索問題 (search problem)　50
単射 (injection, one-to-one)　175
単純グラフ (simple graph)　2
端点 (end vertex)　2, 9
置換 (permutation)　65, 175
中央処理ユニット (central processing unit, CPU)　55
チューリング機械 (Turing machine)　139
直径 (diameter)　164
DFS 木 (DFS tree)　80

定数オーダ (constant order)　45
手続き (procedure)　55
手続き合併 (union)　103, 104
手続き発見 (find)　103, 104
点 (vertex)　1
点集合 (vertex set)　2
同型 (isomorphic)　7, 119
同型写像 (isomorphism)　7
同型部分グラフ判定問題 (SUB)　159, 173
動的計画法 (dynamic programming)　110
独立系 (independence system)　115
独立集合 (independent set)　116
独立点集合 (independent vertex set)　28
独立点集合判定問題 (IS)　133, 144, 145, 148, 159, 173
トレイル (trail)　9
貪欲アルゴリズム [最大基問題]　123
貪欲法 (greedy method)　111

な 行

内点 (internal vertex)　25
長さ (length)　6, 9
2部グラフ (bipartite graph)　28
2部グラフ最適化問題　168
2部グラフ判定問題 (BG)　74, 107, 167
2部グラフ問題　167
2分割 (グラフの) (bipartition)　28
2分木 (binary tree)　26
2分決定木 (binary decision tree)　65
入力 (instance)　49
入力集合 (instance set)　49
根 (root)　25
根付き木 (rooted tree)　25
ネットワーク (network)　6
濃度 (cardinal)　174

は 行

葉 (leaf)　25

ハイパーグラフ (hyper graph)　2
ハイパー辺 (hyper edge)　2
パス (路を参照)　9
発見的アルゴリズム (heuristic algorithm)　109
幅優先探索 (breadth-first search)　85
**幅優先探索アルゴリズム**　86
**幅優先探索アルゴリズム (待ち行列利用)**　87
ハミルトングラフ (hamiltonian graph)　37
ハミルトングラフ判定問題 (HG)　52, 53, 97, 98, 132, 134, 135, 144–146, 148, 152, 159, 173
ハミルトン閉路 (Hamilton cycle)　37
ハミルトン閉路問題　52, 53, 147
ハミルトン路 (Hamilton path)　37
判定問題 (decision problem)　50
反復的アルゴリズム (iterative algorithm)　110
P問題 (P-problem)　130
非決定性アルゴリズム (nondeterministic algorithm)　129
**非決定性判定アルゴリズム [判定問題]**　130
否定 (not, NOT)　176
等しい (equivalent)　174
非連結グラフ (disconnected graph)　13
深さ優先探索 (depth-first search)　76
**深さ優先探索アルゴリズム**　76
**深さ優先探索アルゴリズム (スタック利用)**　81
部分解 (partial solution)　109
部分グラフ (subgraph)　8
部分集合 (subset)　174
部分問題 (subproblem)　50
分割 (集合の) (partition)　18, 175
分割統治法 (divide and conquer)　110
分割マトロイド (partition matroid)　122

閉ウォーク (closed walk) 10
併合アルゴリズム 67
併合整列アルゴリズム 70
併合整列アルゴリズム (merge sort algorithm) 69
併合問題 (merging problem) 67–69
閉トレイル (closed trail) 10
平面グラフ (plane graph) 42
平面的グラフ (planar graph) 42
並列 (parallel) 2
閉路 (cycle) 10
閉路分割アルゴリズム 171
べき集合 (power set) 115, 174
辺 (edge) 1
辺集合 (edge set) 2
補グラフ (complement graph) 173

## ま 行

前順序番号 (preorder number) 84
前順序番号付け (preorder numbering) 84
待ち行列 (queue) 87
マッチング (matching) 159
窓 (face) 42
マトロイド (matroid) 117
路 (path) 9
無限グラフ (infinite graph) 2
無限集合 (infinite set) 174
無向グラフ (undirected graph) 2
メモリ (memory) 55
メモリセル (memory cell) 55
森 (forest) 18
問題 (problem) 49
問題例 (problem instance) 49

## や 行

有限グラフ (finite graph) 2
有限集合 (finite set) 174
有向グラフ (directed graph) 2

要素 (element) 174

## ら 行

ランダムアクセス機械 (random access machine, RAM) 55
ランダムアクセスメモリ (random access memory) 55
リテラル (literal) 138, 177
領域計算量 (space complexity) 54
隣接 (adjacent) 2
隣接行列 (adjacency matrix) 14
隣接リスト (adjacency list) 58
ループ (loop) 2
連結 (connected) 13
**連結オイラーグラフ判定アルゴリズム** 62
連結オイラーグラフ判定問題 (C-EG) 61, 62, 64, 131
連結グラフ (connected graph) 13
連結性判定問題 (CON) 131
連結成分 (connected component) 13
**連結2部グラフ判定アルゴリズム** 170
連結2部グラフ判定問題 (C-BG) 107, 132
論理演算 (logical operator) 176
論理関数 (logical function) 137, 176
論理積 (logical product, AND) 176
論理変数 (logical variable) 176
論理和 (logical sum, OR) 176

## わ 行

和 (union) 174
和積形 (conjunctive form, product of sums) 177
和積標準形 (conjunctive normal form) 177

### 著者略歴

上野 修一 (うえの・しゅういち)
 1976 年 山梨大学工学部電子工学科卒業
 1982 年 東京工業大学大学院理工学研究科電子工学専攻博士課程修了
 1982 年 東京工業大学工学部電気・電子工学科助手
 1987 年 東京工業大学工学部電気・電子工学科助教授
 1997 年 東京工業大学工学部電子物理工学科教授
 2000 年 東京工業大学大学院理工学研究科集積システム専攻教授
 現在に至る．工学博士

高橋 篤司 (たかはし・あつし)
 1989 年 東京工業大学工学部電気・電子工学科卒業
 1991 年 東京工業大学大学院理工学研究科電気・電子工学専攻修士課程修了
 1991 年 東京工業大学工学部電気・電子工学科助手
 1997 年 東京工業大学工学部電気・電子工学科助教授
 2000 年 東京工業大学大学院理工学研究科集積システム専攻助教授
    (2007 年より准教授)
 現在に至る．博士 (工学)

---

情報とアルゴリズム  ⓒ 上野修一・髙橋篤司 2005

2005 年 4 月 25 日 第 1 版第 1 刷発行 【本書の無断転載を禁ず】
2012 年 6 月 25 日 第 1 版第 2 刷発行

著  者 上野修一・髙橋篤司
発 行 者 森北博巳
発 行 所 森北出版株式会社
     東京都千代田区富士見 1-4-11 (〒 102-0071)
     電話 03-3265-8341 ／ FAX 03-3264-8709
     日本書籍出版協会・自然科学書協会・工学書協会 会員
     http://www.morikita.co.jp/
     JCOPY ＜ (社) 出版者著作権管理機構 委託出版物＞

落丁・乱丁本はお取替えいたします   印刷/モリモト印刷・製本/協栄製本

**Printed in Japan /ISBN978-4-627-70251-6**

図書案内　　　　　　　　　　　　　　　　　　　　　　　　　森北出版

### 電子情報通信工学シリーズ　編集委員代表：辻井重男

| | | |
|---|---|---|
| プログラミング〈考え方と言語〉 | 深澤良彰 著 | A5/168頁 1997年刊 |
| 論 理 回 路 | 上原貴夫・伊吹公夫 著 | A5/168頁 1997年刊 |
| 情報通信理論 1 | 荻原春生・中川健治 著 | A5/192頁 1997年刊 |
| 音声情報処理 | 古井貞熙 著 | A5/192頁 1998年刊 |
| 学習とニューラルネットワーク | 熊沢逸夫 著 | A5/192頁 1998年刊 |
| 電 気 回 路 | 浜田 望 著 | A5/192頁 2000年刊 |
| 生体情報工学 | 小杉幸夫・武者利光 著 | A5/152頁 2000年刊 |
| ディジタル信号処理 | 萩原将文 著 | A5/160頁 2001年刊 |
| 光エレクトロニクス | 山田 実 著 | A5/148頁 2002年刊 |
| 情報とアルゴリズム | 上野修一・高橋篤司 著 | A5/194頁 2005年刊 |

### 情報工学入門シリーズ　城戸健一・三井田惇郎 監修

| | | |
|---|---|---|
| 01 情報工学概論（第2版） | 三井田・浮貝・須田 著 | A5/160頁 2002年刊 |
| 04 オートマトンと言語理論 | 足立暁生 著 | A5/160頁 1992年刊 |
| 05 数値計算法（第2版） | 三井田惇郎・須田宇宙 著 | A5/160頁 2000年刊 |
| 06 アルゴリズムと計算理論 | 足立暁生 著 | A5/216頁 1991年刊 |
| 07 電子計算機 | 城戸健一・安倍正人 著 | A5/192頁 1995年刊 |
| 08 情報工学のためのエレクトロニクス 1 | 宮川 洸・中川修三 著 | A5/168頁 2000年刊 |
| 09 情報工学のためのエレクトロニクス 2 | 宮川 洸・中川修三 著 | A5/184頁 2000年刊 |
| 10 情報工学のための電子回路 | 山崎 亨 著 | A5/256頁 1996年刊 |
| 11 論理回路 | 城戸健一 著 | A5/248頁 2001年刊 |
| 20 人工知能（第2版） | 菅原研次 著 | A5/192頁 2003年刊 |
| 24 FORTRAN 演習 | 三井田惇郎・新谷泰男 著 | B5/184頁 1992年刊 |

### 基礎情報工学シリーズ　飯島泰蔵 編集

| | | |
|---|---|---|
| 03 論理回路理論 | 山田輝彦 著 | A5/168頁 1990年刊 |
| 04 情報処理理論 | 伊吹公夫 著 | A5/224頁 1990年刊 |
| 05 オートマトン・言語理論 | 富田悦次・横森 貴 著 | A5/216頁 1992年刊 |
| 06 パターン認識理論 | 飯島泰蔵 著 | A5/176頁 1989年刊 |
| 09 コンピュータネットワーク | 宮原秀夫・尾家祐二 著 | A5/160頁 1992年刊 |
| 12 数値計算法 | 佐藤弘之 著 | A5/240頁 1993年刊 |
| 13 数式処理 | 下地貞夫 著 | A5/160頁 1991年刊 |
| 17 人工知能 | 志村正道 著 | A5/192頁 1994年刊 |
| 18 画像情報処理 | 安居院 猛・中島正之 著 | A5/256頁 1991年刊 |
| 19 視聴覚情報処理 | 福島・斉藤・大串 著 | A5/192頁 2001年刊 |